新编21世纪高等职业教育精品教材

智慧财经系列

数据分析基础

R语言实现

贾俊平 著

Fundamentals of Data Analysis with R

中国人民大学出版社

·北京·

图书在版编目（CIP）数据

数据分析基础：R 语言实现 / 贾俊平著 . -- 北京：中国人民大学出版社，2022.5

新编 21 世纪高等职业教育精品教材 . 智慧财经系列

ISBN 978-7-300-30561-5

Ⅰ. ①数… Ⅱ . ①贾… Ⅲ . ①程序语言－程序设计－高等职业教育－教材 Ⅳ . ① TP312

中国版本图书馆 CIP 数据核字（2022）第 061944 号

新编 21 世纪高等职业教育精品教材 · 智慧财经系列

数据分析基础——R 语言实现

贾俊平　著

Shuju Fenxi Jichu——R Yuyan Shixian

出版发行	中国人民大学出版社		
社　址	北京中关村大街 31 号	**邮政编码**	100080
电　话	010－62511242（总编室）		010－62511770（质管部）
	010－82501766（邮购部）		010－62514148（门市部）
	010－62515195（发行公司）		010－62515275（盗版举报）
网　址	http://www.crup.com.cn		
经　销	新华书店		
印　刷	天津中印联印务有限公司		
规　格	185 mm × 260 mm　16 开本	**版　次**	2022 年 5 月第 1 版
印　张	12.5	**印　次**	2022 年 5 月第 1 次印刷
字　数	262 000	**定　价**	36.00 元

本书概要

《数据分析基础——R 语言实现》是为高等职业教育财经商贸大类专业编写的基础课教材。全书内容共 7 章，第 1 章介绍数据分析的基本问题以及 R 软件的初步使用方法。第 2 章介绍 R 语言数据处理的有关内容，包括 R 的数据类型和操作方法、数据抽样和筛选、数据类型的转换、数据频数分布表的生成等。第 3 章介绍数据可视化分析方法，包括 R 语言绘图基础、类别数据可视化、分布特征可视化、样本相似性可视化、时间序列可视化等。第 4 章介绍数据的描述性分析方法，包括数据水平的描述、数据差异的描述、数据分布形状的描述等。第 5 章介绍推断分析基本方法，包括推断的理论基础、参数估计和假设检验等。第 6 章介绍相关与回归分析方法，包括相关分析和一元线性回归建模方法等。第 7 章介绍时间序列分析方法，包括增长率分析、简单指数平滑预测和趋势预测等。

本书特色

- **符合职业教育目标，注重分析方法应用。** 本书多数例题来自实际数据，侧重于介绍分析方法思想和应用，完全避免数学推导，繁杂的计算则交给 R 语言来完成，从而有利于读者将数据分析方法用于实际问题的分析。
- **强调实际操作，注重软件应用。** 本书例题全部使用 R 语言实现计算与分析，多数方法均以文本框的形式给出了详细操作步骤，并在本书最后的附录里给出了书中用到的 R 包和 R 函数的列表，方便读者查阅和使用。
- **配备课程资源，方便教学和学习。** 本书配有丰富的教学和学习资源，包括教学大纲、教学和学习用 PPT、例题和习题数据、各章习题详细解答等，方便教师教学和学生学习。

读者对象

本书适用的读者包括：高等职业教育各专业学生；中等职业教育或继续教育的学生；实际工作领域的数据分析人员；对数据分析知识感兴趣的其他读者。

贾俊平

课程思政建设的总体目标

数据分析既是方法课，也是应用课，因而课程思政建设的侧重点应放在应用层面。将数据分析方法的应用与中国实际问题相联系，紧密结合中国社会建设的成就学习数据分析方法的应用是课程思政建设的核心主题。具体应从以下几个方面入手：

- **树立正确的价值观，将数据分析方法的应用与中国特色社会主义建设的理论和实践相结合。**学习数据分析方法时应注意树立正确的价值观，科学合理地使用数据分析方法解决实际问题。
- **树立正确的数据分析理念，将数据分析方法与实事求是的理念相结合。**数据分析的内容涵盖数据收集、处理、分析并得出结论。要树立正确的数据分析理念，就应始终本着实事求是的态度。在数据收集过程中，要实事求是地收集数据，避免弄虚作假；在数据分析中，应科学合理地使用数据分析方法，避免主观臆断；在对数据分析结果进行解释和结论陈述时，应保持客观公正、表里如一，避免为个人目的而违背科学和实事求是的理念。
- **牢记数据分析服务于社会的使命，将数据分析的应用与为人民服务的宗旨相结合。**学习数据分析的主要目的是应用数据分析方法解决实际问题。在学习过程中，应牢记数据分析服务于社会、服务于生活、服务于管理、服务于科学研究的使命，侧重于将数据分析方法应用于分析和研究具有中国特色的社会主义建设成就、应用于反映人民生活水平变化、应用于反映社会主义制度的优越性上。

目录

CONTENTS

第 1 章

数据分析与 R 语言

学习目标

- 理解变量和数据的概念，掌握数据分类。
- 了解数据来源和概率抽样方法。
- 掌握 R 语言的初步使用方法。

课程思政目标

- 数据分析是一门应用性学科。课程思政建设应强调数据分析方法在反映我国社会主义建设成就中的作用。
- 结合实际问题学习数据分析中的基本概念。结合数据来源和渠道，学习获取数据过程中可能存在的虚假行为，强调数据来源渠道的正当性以避免虚假数据。
- 避免收集危害社会安全的非正当来源数据。

在日常工作和生活中，经常会接触到各类数据，比如，PM2.5 的数据、国内生产总值（GDP）数据、居民消费价格指数（CPI）数据、股票交易数据、电商的经营数据等。这些数据如果不去分析，那也仅仅是数据，提供的信息十分有限，只有经过分析，数据才会有更大的价值。本章首先介绍数据分析的有关概念，然后介绍数据及其分类以及数据来源问题。

1.1 数据分析概述

数据分析（data analysis）是从数据中提取信息并得出结论的过程，它所使用的方法既包括经典的统计学方法，又包括现代的机器学习技术。数据分析涉及三个基本问题：一是所面对的是什么样的数据；二是用什么方法分析这些数据；三是用何种工具（软件）

来实现分析。第一个问题将在 1.2 中介绍，本节先介绍后两个问题。

1.1.1 数据分析方法

计算机和互联网的普及以及统计方法与计算机科学的有机结合，极大地促进了数据分析方法的发展，并有效地拓宽了其应用领域。可以说，数据分析已广泛应用于生产和生活的各个领域。

数据分析的目的是把隐藏在数据中的信息有效地提炼出来，从而找出所研究对象的内在特征和规律。在实际应用中，数据分析可帮助人们做出判断和决策，以便采取适当行动。比如，通过对股票交易数据的分析，可帮助你做出买进或卖出某只股票的决策；通过对客户消费行为数据的分析，可以帮助电商精准确定客户，并提供有效的产品和服务；通过对患者医疗数据的分析，可以帮助医生做出正确的诊断和治疗；等等。

数据分析有不同的视角和目标，因此可以从不同角度进行分类。

从分析目的看，可以将数据分析分为**描述性分析**（descriptive analysis）、**探索性分析**（exploratory analysis）和**验证性分析**（confirmatory analysis）三大类。其中，描述性分析是对数据进行初步的整理、展示和概括性度量，以找出数据的基本特征；探索性分析侧重于在数据之中发现新的特征，是为形成某种理论或假设而对数据进行的分析；验证性分析则侧重于对已有理论或假设的证实或证伪。当然，这三个层面的分析并不是截然分开的，多数情况下，数据分析是对数据进行描述、探索和验证的综合研究。

从所使用的统计分析方法看，可以将数据分析大致分为**描述统计**（descriptive statistics）和**推断统计**（inferential statistics）两大类。描述统计主要是利用图表形式对数据进行汇总和展示，并计算一些简单的统计量（诸如比例、比率、平均数、标准差等），进而发现数据的基本特征。推断统计主要是根据样本信息来推断总体的特征，其基本方法包括参数估计和假设检验。参数估计是利用样本信息推断所关心的总体参数，假设检验则是利用样本信息判断对总体的某个假设是否成立。比如，从一批电池中随机抽取少数几块电池作为样本，测出它们的使用寿命，然后根据样本电池的平均使用寿命估计这批电池的平均使用寿命，或者检验这批电池的使用寿命是否等于某个假定值，这就是推断分析要解决的问题。

实际上，数据分析所使用的方法均可以称为统计学方法。因为**统计学**（statistics）本身就是一门关于数据分析的科学，它研究的是来自各领域的数据，提供的是一套通用于所有学科领域的获取数据、分析数据并从数据中得出结论的原则和方法。统计学方法是通用于所有学科领域的，而不是为某个特定的问题领域构造的。当然，统计学方法不是一成不变的，使用者在特定情况下需要根据所掌握的专业知识选择使用这些方法，如果需要，还要进行必要的修正。

图 1－1 展示了数据分析方法的大致分类。

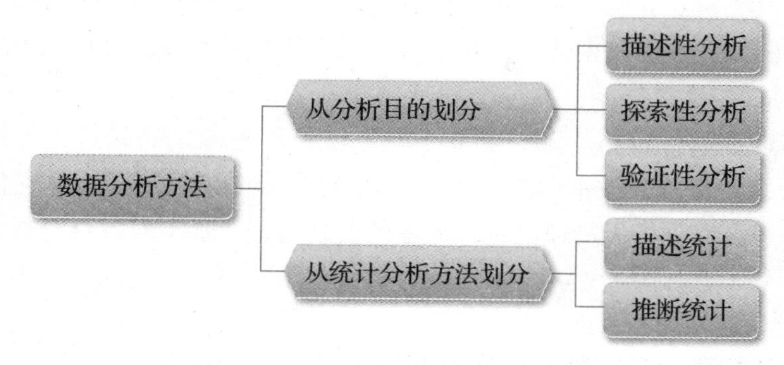

图 1－1 数据分析方法的大致分类

1.1.2 数据分析工具

实际分析中的数据量通常非常大，有些统计方法的计算也十分复杂，不用计算机处理和分析数据是很难实现应用的。在计算机时代到来前，计算问题使数据分析方法的应用受到极大限制。在计算机普及的今天，各种数据分析软件的出现，使数据分析变得十分容易，只要你理解统计方法的基本原理和应用条件，就可以很容易使用统计软件进行数据分析。

统计软件大致可分为商业类软件和非商业类软件两大类。商业类软件种类繁多，较有代表性的有 SAS、SPSS、Minitab、Stata 等。多数人较熟悉的 Excel 虽然不是统计软件，但也提供了一些常用的统计函数，并提供了常用的数据分析工具，其中包含一些基本的数据分析方法，可供非专业人员做些简单的数据分析。商业类软件虽有不同的侧重点，但功能大同小异，基本上能满足大多数人做数据分析的需要。商业类软件使用相对简单，容易上手，其主要问题是价格不菲。此外，商业类软件更新速度较慢，难以提供最新方法的解决方案。

非商业类软件则不存在价格问题。目前较为流行的软件有 R 语言和 Python 语言，二者都是免费的开源平台。R 语言是一种优秀的统计软件，它是一种统计计算语言。R 语言不仅支持各个主要计算机系统（在 CRAN 网站 http://www.r-project.org 上可以下载 R 语言的各种版本，包括 Windows、Linux 和 Mac OX 版本），还有诸多优点，比如，更新速度快，可以包含最新方法的解决方案；提供丰富的数据分析和可视化技术，功能十分强大。此外，R 软件中的包（package）和函数均由统计专家编写，函数中参数的设置也更符合统计和数据分析人员的思维方式和逻辑，并有强大的帮助功能和多种范例，即便是初学者也很容易上手。

Python 则是一种面向对象的解释型高级编程语言，不仅拥有丰富而强大的开源第三方库，也具有强大的数据分析可视化功能。Python 与 R 的侧重点略有不同，R 的主要功能是数据分析和可视化，且功能强大，多数分析都可以由 R 提供的函数实现，不需要太多的编程，代码简单，容易上手。Python 的侧重点则是编程，具有很好的普适性，但数据分析并不是其侧重点，虽然从理论上讲都可以实现，但往往需要编写很长的代码，帮助功能也不够强大，这对数据分析的初学者来说可能显得麻烦，但仍然不失为一种有效的数据分析工具。

总之，商业类软件价格不菲，更新不快，已经不是未来的趋势，不推荐使用或应避免使用。而作为免费开放平台的 R 和 Python 则是未来的发展趋势，它们不仅功能强大，也更有利于数据分析人员理解统计方法的实现过程，加深对数据分析结果的理解和认识。

1.2 数据及其来源

做数据分析首先需要弄清楚数据是什么，数据的类型是什么，因为不同的数据所适用的分析方法是不同的。

1.2.1 数据及其分类

数据（data）是个广义的概念，任何可观测并有记录的信息都可以称为数据，它不仅仅包括数字，也包括文本、图像等。比如，一篇文章也可以看作数据，一幅照片也可以视为数据，等等。

本书使用的数据概念则是狭义的，仅指统计变量的观测结果。因此，要理解数据的概念，需要先清楚变量的概念。

观察某家电商的销售额会发现这个月和上个月有所不同；观察股票市场某只股票的收盘价格，今天与昨天不一样；观察一个班学生的月生活费支出，一个人和另一个人不一样；投掷一枚骰子观察其出现的点数，这次投掷的结果和下一次也不一样。这里的“电商销售额”“某只股票的收盘价格”“月生活费支出”“投掷一枚骰子出现的点数”等就是变量。简言之，**变量**（variable）是描述所观察对象某种特征的概念，其特点是从一次观察到下一次观察可能会出现不同结果。变量的观测结果就是数据。

根据观测结果的不同，变量可以粗略分为类别变量和数值变量两类。

类别变量（categorical variable）是取值为对象属性或类别以及区间值（interval value）的变量，也称**分类变量**（classified variable）或**定性变量**（qualitative variable）。比如，观察人的性别、上市公司所属的行业、顾客对商品的评价，得到的结果就不是数字，而是对象的属性。例如，观测性别的结果是“男”或“女”；上市公司所属的行业为“制造业”“金融业”“旅游业”等；顾客对商品的评价为“很好”“好“一般”“差”“很差”。人的性别、上市公司所属的行业、顾客对商品的评价等取值不是数值，而是对象的属性或类别。此外，学生的月生活费支出可能分为 1 000 元以下、1 000 ～ 1 500 元、1 500 ～ 2 000 元、2 000 元以上 4 个层级，“月生活费支出的层级”这 4 个取值也不是普通的数值而是数值区间，因而也属于类别变量。人的性别、上市公司所属的行业、顾客对商品的评价、学生月生活费支出的层级等都是类别变量。

类别变量根据取值是否有序可分为**无序类别变量**（disordered category variable）和**有序类别变量**（ordered category variable）两种。无序类别变量也称名义（nominal）值变量，其取值的各类别间是不可以排序的。比如，"上市公司所属的行业"这一变量取值为"制造业""金融业""旅游业"等，这些取值之间不存在顺序关系。再比如，"商品的产地"这一变量的取值为"甲""乙""丙""丁"，这些取值之间也不存在顺序关系。有序类别变量也称**顺序**（ordinal）值变量，其取值的各类别间可以排序。比如，"对商品的评价"这一变量的取值为"很好""好""一般""差""很差"，这 5 个值之间是有序的。取区间值的变量当然是有序的类别变量。只取两个值的类别变量也称为**布尔变量**（boolean variable）或**二值变量**（binary variable），例如"性别"这一变量只取男和女两个值，"真假"这一变量只取"真"和"假"两个值，等等。这里的"性别"和"真假"就是布尔变量。

类别变量的观测结果称为**类别数据**（categorical data）。类别数据也称"分类数据"或"定性数据"。与类别变量相对应，类别数据分为无序类别数据（名义值）和有序类别数据（顺序值）两种。布尔变量的取值也称为布尔值。

数值变量（metric variable）是取值为数字的变量，也称为**定量变量**（quantitative variable）。例如"电商销售额""某只股票的收盘价""生活费支出""投掷一枚骰子出现的点数"等这些变量的取值可以用数字来表示，都属于数值变量。数值变量的观察结果称为**数值数据**（metric data）或**定量数据**（quantitative data）。

数值变量根据取值的不同，可以分为**离散变量**（discrete variable）和**连续变量**（continuous variable）。离散变量的取值是只能取有限个值的变量，而且其取值可以列举，通常（但不一定）是整数，如"企业数""产品数量"等就是离散变量。连续变量是可以在一个或多个区间中取任何值的变量，它的取值是连续不断的，不能列举，如"年龄""温度""零件尺寸的误差"等都是连续变量。

此外，还有一种较为特殊的变量，即**时间变量**（time variable）。如果所获取的是不同时间上的观测值，这里的时间就是时间变量，由时间和观测值构成的数据称为**时间序列数据**（time series data）。时间变量的取值可以是年、月、天、小时、分、秒等任意形式。根据分析目的和方法的不同，时间变量可以作为数值变量，也可以作为类别变量。比如，如果将时间序列数据绘制成条形图，旨在展视不同时间上的数值多少，这实际上是将时间作为类别处理，此时可将时间视为离散值；如果要利用时间序列中的时间作为变量来建模，这实际上是将时间作为数值变量来处理，此时可将时间视为连续值。尽管如此，考虑到时间的特殊性，仍然可以将其单独作为一类。

图 1－2 展示了变量的基本分类。

对应于不同变量的观测结果就是数据的相应分类。由于数据是变量的观测结果，因此，数据的分类与变量的分类是相同的。为表述的方便，本书会混合使用变量和数据这两个概念，在讲述分析方法时多使用变量的概念，在例题分析中多使用数据的概念。

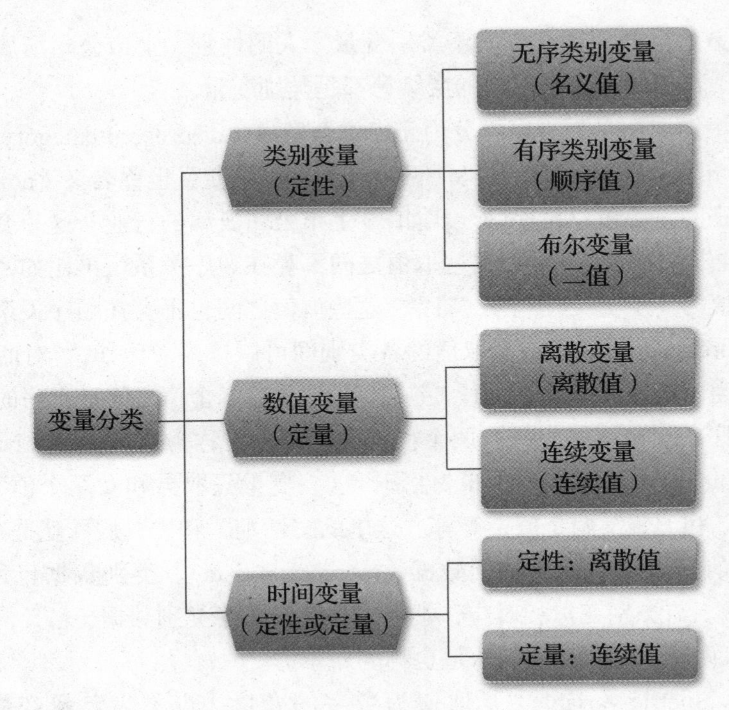

图1－2　变量的基本分类

了解变量或数据的分类是十分必要的，因为不同的变量或数据适用的分析方法是不同的。通常情况下，数值变量或数值数据适用的分析方法更多。在实际数据分析中，所面对的数据集往往不是单一的某种类型，而是类别数据、数值数据甚至是时间序列数据构成的混合数据，对于这样的数据，要做何种分析，则取决于分析目的。

1.2.2　数据的来源

1. 直接来源和间接来源

数据分析面临的另一个问题是数据来源，也就是到哪里去找所需要的数据。从使用者的角度看，数据主要来源于两种渠道：一是来源于直接的调查和实验，称为直接来源；二是来源于别人调查或实验的数据，称为间接来源。

对大多数使用者来说，亲自去做调查或实验往往是不可能的。所使用的数据大多数是别人调查或实验的数据，对使用者来说就是二手数据，这就是数据的间接来源。二手数据主要是公开出版或公开报道的数据，这类数据主要来自各研究机构、国家和地方的统计部门、其他管理部门、专业的调查机构以及广泛分布在各种报纸、杂志、图书、广播、电视传媒中的各种数据等。现在，随着计算机网络技术的发展，出现了各种各样的**大数据**（big data）。使用者可以在网络上获取所需的各种数据，比如，各种金融产品的交易数据、国家统计局官方网站（www.stats.gov.cn）的各种宏观经济数据等。利用二手数据对使用者来说既经济又方便，但使用时应注意统计数据的含义、计算口径和计算方法，以避免误用或滥用。同时，在引用二手数据时，一定要注明数据的来源，以示尊重他人的劳动成果。

数据的直接来源主要是通过实地调查、互联网调查或实验取得。比如，统计部门调查取得的数据；其他部门或机构为特定目的调查获得的数据；利用互联网收集的各类产品交易、生产和经营活动等产生的大数据。实验是取得自然科学数据的主要手段。

2. 概率抽样方法

当已有的数据不能满足需要时，可以亲自去调查或实验。比如，想了解某地区家庭的收入状况，可在该地区中抽出一个由2 000个家庭组成的样本，通过对样本的调查获得数据。这里“该地区所有家庭”是所关心的**总体**（population），它是包含所研究的全部元素的集合。所抽取的2 000个家庭就是一个**样本**(sample)，它是从总体中抽取的一部分元素的集合。构成样本的元素的数目称为**样本量**（sample size），比如，抽取2 000个家庭组成一个样本，样本量就是2 000。

怎样获得一个样本呢？假定要在某地区抽取2 000个家庭组成一个样本，如果该地区的每个家庭被抽中与否完全是随机的，而且每个家庭被抽中的概率是已知的，这样的抽样方法称为**概率抽样**（probability sampling）。概率抽样方法有简单随机抽样、分层抽样、系统抽样、整群抽样等。

简单随机抽样（simple random sampling）是从含有N个元素的总体中抽取n个元素组成一个样本，使得总体中的每一个元素都有相同的概率被抽中。采用简单随机抽样时，如果抽取一个个体记录下数据后，再把这个个体放回到原来的总体中参加下一次抽选，这样的抽样方法叫作**有放回抽样**（sampling with replacement）；如果抽中的个体不再放回，再从所剩下的个体中抽取第二个元素，直到抽取n个个体为止，这样的抽样方法叫作**无放回抽样**（sampling without replacement）。当总体数量很大时，无放回抽样可以视为有放回抽样。由简单随机抽样得到的样本称为**简单随机样本**（simple random sample）。多数统计推断都是以简单随机样本为基础的。

分层抽样（stratified sampling）也称分类抽样，它是在抽样之前先将总体的元素划分为若干层（类），然后从各个层中抽取一定数量的元素组成一个样本。比如，要研究学生的生活费支出，可先将学生按地区进行分类，然后从各类中抽取一定数量的学生组成一个样本。分层抽样的优点是可以使样本分布在各个层内，从而使样本在总体中的分布比较均匀，可以降低抽样误差。

系统抽样（systematic sampling）也称等距抽样，它是先将总体各元素按某种顺序排列，并按某种规则确定一个随机起点，然后每隔一定的间隔抽取一个元素，直至抽取n个元素组成一个样本。比如，要从全校学生中抽取一个样本，可以找到全校学生的名册，按名册中的学生顺序，用随机数找到一个随机起点，然后依次抽取就得到一个样本。

整群抽样（cluster sampling）是先将总体划分成若干群，然后以群作为抽样单元从中抽取部分群组成一个样本，再对抽中的每个群中包含的所有元素进行调查。比如，可以把每一个学生宿舍看作一个群，在全校学生宿舍中抽取一定数量的宿舍，然后对抽中宿舍中的每一个学生都进行调查。整群抽样的误差相对要大一些。

1.3 R 语言的初步使用

R 是一种免费的统计计算和绘图语言，也是一套开源的数据分析解决方案，它不仅提供了内容丰富的数据分析方法，而且具有强大的可视化功能。因其开源和免费、功能强大、易于使用和更新速度快等优点，R 软件受到人们普遍欢迎。R 软件每年都会有两次左右的版本更新，新版本可能对某些包或函数做了升级，使用前需要根据自己使用的版本检查使用的函数是否已经更新。

1.3.1 R 软件的下载与安装

使用前，需要在你使用的计算机系统中安装 R 软件。在 CRAN 网站（http://cran.r-project.org/）上可以下载 R 的各种版本，包括 Windows，Linux 和 Mac OX，使用者可以根据自己的计算机系统选择相应的版本。

如果使用的是 Windows 系统，下载完成后会在桌面上出现带有 R 版本信息的图标，双击该图标即可完成安装。安装完成后，双击即可启动 R 软件进入开始界面，如图 1－3 所示。

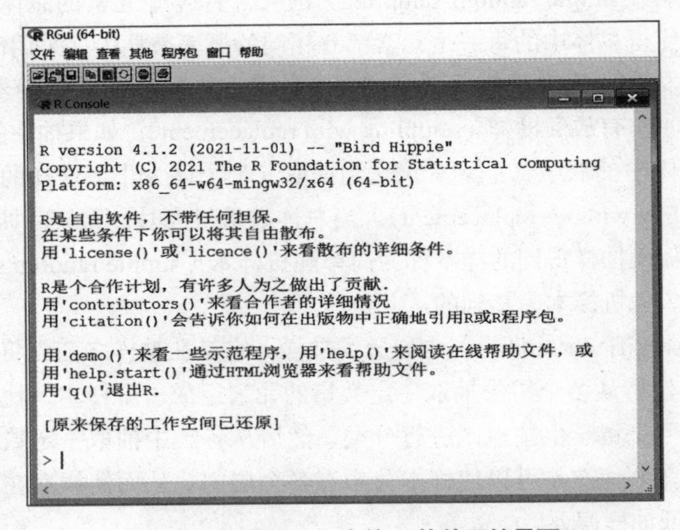

图 1－3 Windows 中的 R 软件开始界面

在提示符“>”后输入命令代码，按“Enter”键，R 软件就会运行该命令并输出相应的结果。本书代码的编写和运行均在上述界面中完成。

图 1－3 所示为 R 官方提供的操作环境界面。除官方操作环境外，R 还有一种操作环境，即 RStudio，它是 R 语言的一个独立的开源项目，它将许多功能强大的编程工具集成到一个直观、易于学习的界面中，现已成为 R 使用者偏爱的一种操作环境。

在安装完 R 软件后，可以进入 RStudio 的官方网站（https://www.rstudio.com/products/rstudio/download/），点击 Free 下的 Download，根据自己的计算机系统选择适合的版本。

下载并安装完成后，双击即可启动 RStudio 软件进入开始界面。在提示符“>”后输入命令代码，按“Enter”键，即可显示结果，或在右下窗口显示图形结果，如图 1－4 所示。

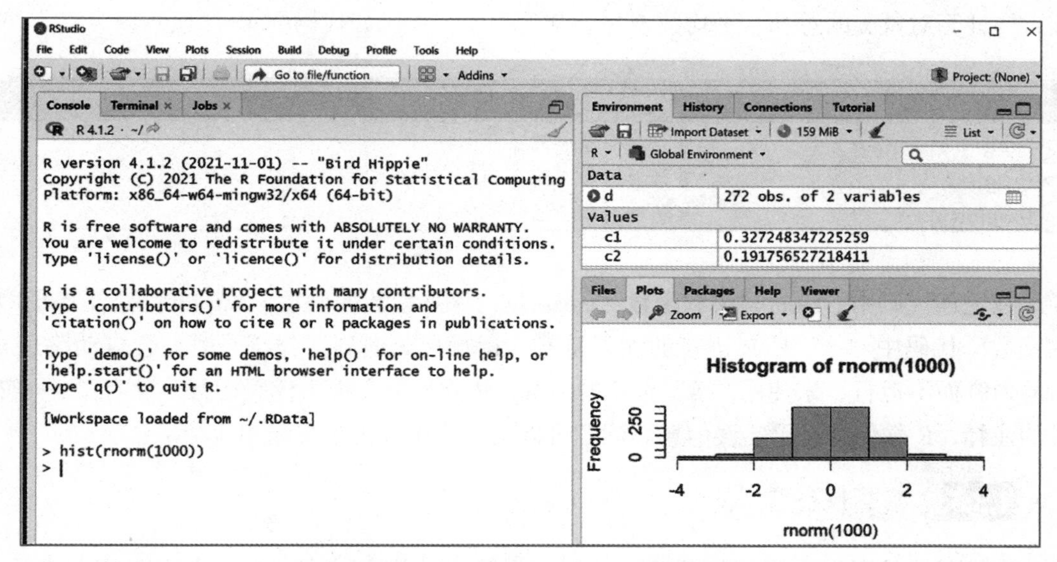

图 1－4　Windows 中的 RStudio 界面

R 软件的所有分析和绘图均由 R 命令实现。使用者需要在提示符“>”后输入命令代码，每次可以输入一条命令，也可以连续输入多条命令，命令之间用分号“；”隔开。命令输入完成后，按“Enter”键，R 软件就会运行该命令并输出相应的结果。比如，在提示符“>”后输入 2＋3，按“Enter”键后显示结果为 5。如果要输入的数据较多，超过一行，可以在适当的地方按“Enter”键，在下一行继续输入，R 软件会在断行的地方用“+”表示连接。

1.3.2　对象赋值与运行

如果要对输入的数据做多种分析，如计算平均数、标准差，绘制直方图等，每次分析都要输入数据就非常麻烦，这时，可以将多个数据组合成一个数据集，并给数据集起一个名称，然后把数据集赋值给这个名称，这就是所谓的 R **对象**（object）。R 对象可以是一个数据集、模型、图形等任何东西。

R 语言的标准赋值符号是“<-”，也允许使用“=”进行赋值，但推荐使用更加标准的前者。使用者可以给对象赋一个值、一个向量、一个矩阵或一个数据框等。比如，将 5 个数据 80，87，98，73，100 赋值给对象 x，将数据文件 example1_1 赋值给对象 y，代码如代码框 1－1 所示。

代码框 1－1　给对象赋值

```
> x<-c(80,87,98,73,100)          # 将 5 个数据赋值给对象 x
> y<-example1_1                  # 将数据框 example1_1 赋值给对象 y
```

代码“x<-c(80,87,98,73,100)”中，“c”是一个R函数，它表示将5个数据合并成一个向量，然后赋值给对象x。这样，在分析这5个数据时，就可以直接分析对象x。比如，要计算对象x的总和、平均数，并绘制条形图，代码如代码框1－2所示。

代码框1－2　对象计算和绘图

```
> sum(x)                    # 计算对象 x 的总和
> mean(x)                   # 计算对象 x 的平均数
> barplot(x)                # 绘制对象 x 的条形图
```

在上述代码中，sum是求和函数，mean是计算平均数的函数，barplot是绘制条形图的函数。代码中“#”是R语言的注释符号，运行代码遇到注释符号时，会自动跳过#后的内容而不运行，未使用“#”标示的内容，R软件都会视为代码运行，没有“#”符号的注释，R软件会显示错误信息。读者可以运行上述代码来观测相应结果。

1.3.3　编写代码脚本

R代码虽然可以在提示符后输入，但如果输入的代码较多，难免会出现输入错误。如果代码输入错误或书写格式错误，运行后，会出现错误提示或警告信息。这时，在R界面中修改错误的代码比较麻烦，也不利于保存代码，因此，R代码最好是在脚本文件中编写，编写完成后，选中输入的代码，并单击鼠标右键，选择“运行当前行或所选代码”，即可在R软件中运行该代码并得到相应结果。

使用脚本文件编写代码时，先在R控制台中单击“文件→新建程序脚本”命令，会弹出R编辑器，在其中编写代码即可，如图1－5所示。

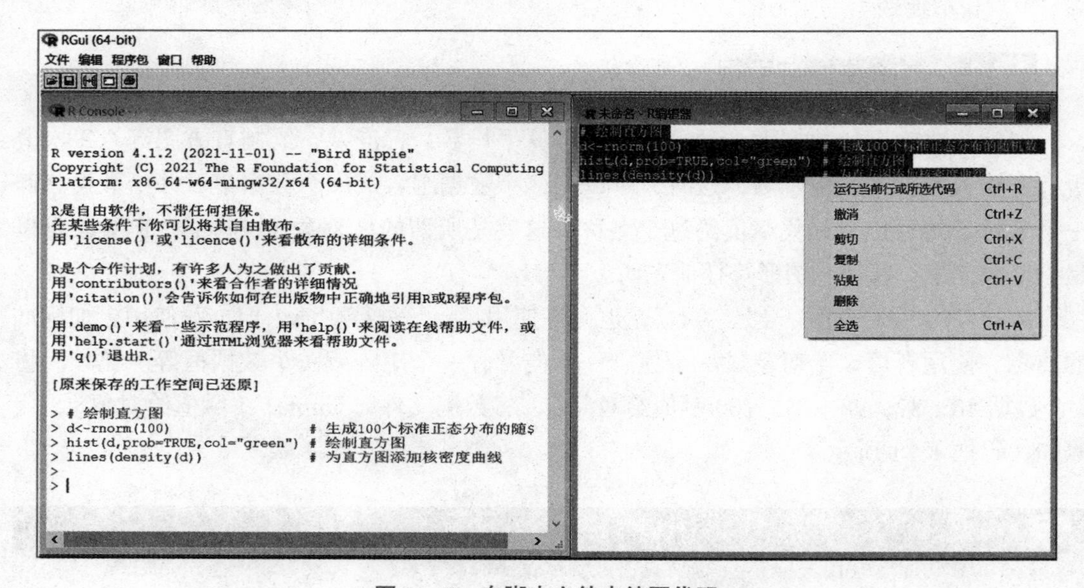

图1－5　在脚本文件中编写代码

如果运行出现错误或需要增加新的代码，可根据错误提示信息在脚本文件中修改，运行没有问题后可将代码文件保存到指定目录的文件夹中，下次使用时在 R 界面中打开代码即可。

1.3.4 查看帮助文件

R 软件的所有计算和绘图均可由 R 函数完成，这些函数通常来自不同的 R 包，每个 R 包和函数都有相应的帮助说明。使用中遇到疑问时，可以随时查看帮助文件。比如，要想了解 sum 函数和 stats 包的功能及使用方法，可使用 "help（函数名）" 或 "？函数名" 查询；直接输入函数名，可以看到该函数的源代码，如代码框 1－3 所示。

代码框 1－3 查看帮助

```
> help(sum)                    # 查看 sum 函数的帮助信息
> ?plotmath                    # 查看 R 的数学运算符
> help(package="stats")        # 查看 stats 包的信息
> var                          # 查看 var 函数的源代码
```

help(sum) 会输出 sum 函数的具体说明，包括函数的形式、参数设定、示例等内容。help(package=stats) 可以输出 stats 包的简短描述以及包中的函数名称和数据集名称的列表。输入 var 并运行，可以查 var 函数的源代码。

1.3.5 包的安装与加载

R 软件中的**包**（package）是指包含数据集、R 函数等信息的集合。大部分统计分析和绘图都可以使用已有的 R 包中的函数来实现。一个 R 包中可能包含多个函数，能做多种分析和绘图；对于同一问题的分析或绘图，也可以使用不同包中的函数来实现，用户可以根据个人需要和偏好选择所用的包。

在最初安装 R 软件时，自带了一系列默认包，如 base，datasets，utils，grDevices，graphics，stats，methods 等，它们提供了种类繁多的默认函数和数据集，分析时可直接使用这些包中的函数而不必加载这些包。其他包则需要事先安装并加载后才能使用。使用 library() 或 .packages(all.available=TRUE) 函数，可以显示 R 软件中已经安装了哪些包，并列出这些包的名称。

在使用 R 软件时，可根据需要随时在线安装所需的包。对于放置在 CRAN 平台上的包，输入 install.packages(" 包名称 ") 命令，选择相应的镜像站点即可自动完成包的下载和安装。完成安装后，要使用该包时，需要使用 library 函数或 require 函数将其加载到 R 界面中。

有关R包的一些简单操作如代码框1-4所示。

代码框1-4　R包的一些操作

```
# 安装包
> install.packages("car")              # 安装包 car
> install.packages(c("car","vcd"))     # 同时安装 car 和 vcd 两个包

# 加载包
> library(car)                         # 加载包 car
或
> require(car)                         # 加载包 car

# 卸载（删除）安装在 R 中的包
> remove.packages("vcd")               # 从 R 中彻底删除 vcd 包

# 解除（不是删除）加载到 R 界面中的包
> detach("vcd")                        # 解除加载到 R 界面中的 vcd 包
```

除R软件默认安装的包外，本书还用到了其他一些包（见本书附录）。在R官网上可以查阅这些包的功能简介，使用help(package=" 包名称 ")可以查阅包的详细信息。建议读者在使用本书前先将这些包安装好，以方便随时调用。

1.3.6 数据读取和保存

在对数据进行分析或绘图时，可以在R界面中录入数据，但比较麻烦。如果使用的是已有的外部数据，如Excel数据、SPSS数据、SAS数据、Stata数据等，可以将外部数据读入R界面中。建议读者先在Excel中录入数据，然后在R中读入数据进行分析。

1. 读取外部数据

R软件可以读取不同形式的外部数据，这里主要介绍如何读取csv格式的数据。本书使用的数据形式均为csv格式，其他很多类型的数据也可以转换为csv格式，比如，Excel数据、SPSS数据等，均可以转换成csv格式。

使用read.csv函数可以将csv格式数据读入R界面中。函数默认参数header=FALSE，即读取的csv数据中包含标题（即变量名）。如果数据中没有标题，设置参数header=TRUE即可。假定有一个名为table1_1的csv格式数据文件，存放在路径“C:/Rdata/example/chap01/”中，读取该数据的代码如代码框1-5所示。

代码框1-5　读取csv格式数据

```
# 读取含有标题的 csv 格式数据
> table1_1<-read.csv("C:/Rdata/example/chap01/table1_1.csv")     # 读取数据 table1_1
> table1_1                                                       # 显示数据 table1_1
```

```
    姓名 统计学 数学 经济学
1 刘文涛     68   85     84
2 王宇翔     85   91     63
3 田思雨     74   74     61
4 徐丽娜     88  100     49
5 丁文彬     63   82     89
```

```
# 读取不含有标题的 csv 格式数据
> table1_1<-read.csv("C:/example/chap01/table1_1.csv",header=TRUE)
```

注：如果数据本身是 R 格式，或已将其他格式数据存成了 R 格式，使用 load 函数可以将指定路径下的数据读入 R 界面。

2. 保存数据

在分析数据时，如果读入的是已有的数据，并且未对数据做任何改动，就没必要保存，下次使用时，重新加载该数据即可。但是，如果在 R 界面中录入的是新数据，或者对加载的数据做了修改，保存数据就十分必要。

如果在 R 界面中录入新数据，或者读入的是已有的数据，想要将数据以特定的格式保存在指定的路径中，则先要确定保存成何种格式。如果想保存成 csv 格式，则数据文件的后缀必须是 csv，可以使用 write.csv 函数。如果要将数据保存成 R 格式，则数据文件的后缀必须是 RData。假定要将 table1_1 保存在指定的路径中，R 代码如代码框 1－6 所示。

代码框 1－6　保存数据

```
# 将数据保存成 csv 格式，并存放在指定的路径中
> write.csv(table1_1,file="C:/Rdata/example/chap01/ table1_1.csv")
                         # 将 table1_1 存为 csv 格式，file="" 指定文件的存放路径和名称
```

注：如果要将数据保存成 R 格式，可以使用 save 函数。

思维导图

下面的思维导图展示了数据分析的内容和本书的框架。

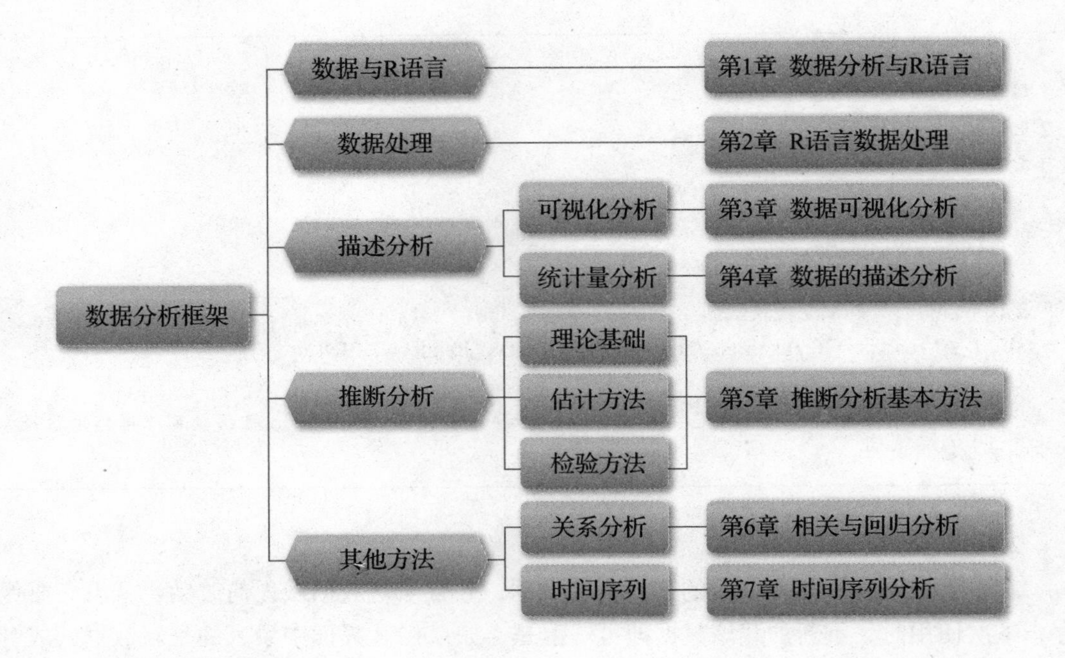

思考与练习

一、思考题

1. 请举出数据分析应用的几个场景。

2. 列举出你所知道的数据分析软件。

3. 举例说明无序类别变量、有序类别变量和数值变量。

4. 获得数据的概率抽样方法有哪些?

5. 简述数据或变量的基本分类。

二、练习题

1. 指出下面的变量属于哪一类型。

(1)年龄。

(2)性别。

(3)汽车产量。

(4)员工对企业某项改革措施的态度(赞成、中立、反对)。

(5)购买商品时的支付方式(现金、信用卡、支票)。

2. 一家研究机构从IT从业者中随机抽取1 000人作为样本进行调查,其中60%的人回答他们的月收入在10 000元以上,90%的人回答他们的消费支付方式是用信用卡。

(1)这一研究的总体是什么?样本是什么?样本量是多少?

(2)“月收入”是无序类别变量、有序类别变量还是数值变量?

(3)“消费支付方式”是无序类别变量、有序类别变量还是数值变量?

3. 一项调查表明，消费者每月在网上购物的平均花费是1 000元，他们选择在网上购物的主要原因是“价格便宜”。

（1）这一研究的总体是什么？

（2）“消费者在网上购物的原因”是无序类别变量、有序类别变量还是数值变量？

4. 某大学的商学院为了解毕业生的就业倾向，分别在会计专业抽取50人、市场营销专业抽取30人、企业管理专业抽取20人进行调查。

（1）这种抽样方式是分层抽样、系统抽样还是整群抽样？

（2）样本量是多少？

5. 在R界面中录入数据：18，25，56，88，20，65，并将其赋值给对象d，然后输入代码barplot(d)，查看运行结果，并将数据d存为data1_1的csv格式。

第 2 章

R 语言数据处理

学习目标

- 掌握 R 语言的数据类型及处理方法。
- 使用 R 语言进行数据抽样和筛选。
- 掌握数据类型转换的方法。
- 用 R 语言生成频数分布表。

课程思政目标

- 数据处理是数据分析的前期工作。在数据处理过程中要本着实事求是的态度，避免为达到个人目的而有意加工和处理数据。
- 数值数据分组的目的是通过数据组别对实际问题进行分类，分组的应用要反映社会正能量，避免利用不合理的分组歪曲事实。

在做数据分析前，首先需要对获得的数据进行审核、清理，并录入计算机，形成数据文件，之后再根据需要对数据做必要的预处理，以便满足分析的需要。本章首先介绍 R 语言的数据类型及其处理方法，然后介绍数据类型的转换和频数分布表的生成方法。

2.1 R 的数据类型及其操作

R 软件自带了很多数据集，并附有这些数据集的分析或绘图示例，可在学习 R 语言时练习使用。输入数据集的名称可查看该数据集，用 help(数据集名称) 可查看该数据集的详细信息。比如，要查看泰坦尼克号的数据，输入 Titanic 即可；要查看该数据的详细信息，输入 help(Titanic) 或 ?Titanic 即可。本节将根据以后各章数据分析的需要，简单介绍 R 语言的数据类型及其处理方法。

在R中分析数据或创建一个图形时，首先要有分析或绘图的**数据集**（data set）。R处理的数据集类型主要有**向量**（vector）、**矩阵**（matrix）、**数组**（array）、**数据框**（data frame）、**因子**（factor）、**列表**（list）等。

2.1.1 向量、矩阵和数组

1. 向量

向量是个一维数组，其中可以是数值型数据，也可以是字符数据或逻辑值（如TRUE或FALSE）。要在R中录入一个向量，可以使用c函数，将不同元素组合成向量，也可以使用seq函数、rep函数等产生向量。代码框2－1展示了在R中创建不同向量的例子。

代码框2－1 创建向量

```
# 用c函数创建向量
> a<-c(2,5,8,3,9)                          # 数值型向量
> b<-c(" 甲 "," 乙 "," 丙 "," 丁 ")          # 字符型向量
> c<-c("TRUE","FALSE","FALSE","TRUE")      # 逻辑值向量
> a;b;c                                    # 运行向量a,b,c，并显示其结果
[1] 2 5 8 3 9
[1] " 甲 " " 乙 " " 丙 " " 丁 "
[1] "TRUE"  "FALSE" "FALSE" "TRUE"

# 创建向量的其他方法
> v1<-1:6                                  # 产生1~6的等差数列
> v2<-seq(from=2,to=4,by=0.5)              # 在2~4之间产生步长为0.5的等差数列
> v3<-rep(1:3,times=3)                     # 将1~3的向量重复3次
> v4<-rep(1:3,each=3)                      # 将1~3的向量中每个元素重复3次
> v1;v2;v3;v4                              # 运行向量v1,v2,v3,v4
[1] 1 2 3 4 5 6
[1] 2.0 2.5 3.0 3.5 4.0
[1] 1 2 3 1 2 3 1 2 3
[1] 1 1 1 2 2 2 3 3 3

# R的内置函数
> LETTERS[1:10]                            # 1~10个大写英文字母
 [1] "A" "B" "C" "D" "E" "F" "G" "H" "I" "J"
> letters[1:10]                            # 1~10个小写英文字母
 [1] "a" "b" "c" "d" "e" "f" "g" "h" "i" "j"
> month.abb                                # 缩写的英文月份
 [1] "Jan" "Feb" "Mar" "Apr" "May" "Jun" "Jul" "Aug" "Sep" "Oct" "Nov" "Dec"
> month.name[1:6]                          # 全称英文月份1~6月
[1] "January"  "February"  "March"  "April"  "May"  "June"
```

同一个向量中的元素只能是同一类型的数据，不能混杂。使用表示下标的方括号“[ ]”可以访问向量中的元素。比如，访问向量 a<-c(2,5,8,3,9) 中的第 2 个和第 5 个元素，输入代码 a[c(2,5)]，显示的结果为 [1] 5 9。

2. 矩阵

矩阵是个二维数组，其中的每个元素都是相同的数据类型。用 matrix 函数可以创建矩阵，使用 as.matrix 函数可以将其他类型的数据转换成矩阵。比如，要创建一个 2 行 3 列的矩阵，代码和结果如代码框 2－2 所示。

代码框 2－2　创建矩阵

```
# 用 matrix 函数创建矩阵
> a<-1:6                                  # 生成 1~6 的数值向量
> mat<-matrix(a,                          # 创建向量 a 的矩阵
+  nrow=2,ncol=3,                         # 矩阵行数为 2，列数为 3
+  byrow=TRUE)                            # 按行填充矩阵的元素
>  mat                                    # 显示矩阵 mat
     [,1] [,2] [,3]
[1,]    1    2    3
[2,]    4    5    6
```

第 1 列中的 [1,] 表示第 1 行，[2,] 表示第 2 行，逗号在数字后表示行；第 1 行中的 [,1] 表示第 1 列，[,2] 表示第 2 列，[,3] 表示第 3 列，逗号在数字前表示列。

要给矩阵添加行名和列名，可以使用 rownames 函数和 colnames 函数。要对矩阵做转置，可使用 t 函数。代码如代码框 2－3 所示。

代码框 2－3　给矩阵添加行名和列名

```
# 给矩阵添加行名和列名
> rownames(mat)=c(" 甲 "," 乙 ")            # 给矩阵 mat 添加行名
> colnames(mat)=c("A","B","C")            # 给矩阵 mat 添加列名
> mat                                     # 查看矩阵 mat
   A B C
甲 1 2 3
乙 4 5 6

# 矩阵转置
> t(mat)                                  # 对矩阵 mat 转置
  甲 乙
A  1  4
B  2  5
C  3  6
```

数组与矩阵类似，但维数可以大于2。使用array函数可以创建数组。限于篇幅，这里不再举例，读者可自己查阅函数的帮助。

2.1.2 数据框

数据框是一种表格结构的数据，类似于Excel中的数据表，也是较为常见的数据形式。下面介绍数据框的创建及常用的一些操作。

1. 创建数据框

使用data.frame函数可创建数据框。假定有5名学生3门课程的考试分数数据如表2-1所示。

表2-1 5名学生3门课程的考试分数（table2_1）

姓名	统计学	数学	经济学
刘文涛	68	85	84
王宇翔	85	91	63
田思雨	74	74	61
徐丽娜	88	100	49
丁文彬	63	82	89

表2-1就是数据框形式的数据。要将该数据录入R中，可先以向量的形式录入，然后用data.frame函数组织成数据框。R代码和结果如代码框2-4所示。

代码框2-4 创建数据框

```
# 写入姓名和分数向量
> names<-c("刘文涛","王宇翔","田思雨","徐丽娜","丁文彬")          # 写入学生姓名向量
> stat<-c(68,85,74,88,63)                                      # 写入统计学分数向量
> math<-c(85,91,74,100,82)                                     # 写入数学分数向量
> econ<-c(84,63,61,49,89)                                      # 写入经济学分数向量

# 将向量组织成数据框形式
> table2_1<-data.frame(学生姓名=names, 统计学=stat, 数学=math, 经济学=econ)
                                   # 将数据组织成数据框形式，并存储在对象table2_1中
> table2_1                         # 显示数据table2_1
  学生姓名 统计学 数学 经济学
1   刘文涛     68   85     84
2   王宇翔     85   91     63
3   田思雨     74   74     61
4   徐丽娜     88  100     49
5   丁文彬     63   82     89
```

注：虽然可以在R中录入数据，但比较麻烦。建议在Excel工作表中录入并清理数据，然后存为csv格式，在R中读入数据并进行分析。

2. 数据框的查看

将数据读入R时，并不显示该数据。输入数据的名称可以显示全部数据。如果数据框中的行数和列数都较多，可以只显示数据框的前几行或后几行。使用head(table2_1)默认显示数据的前6行，如果只想显示前3行，则可以写成head(table2_1,3)。使用tail(table2_1)默认显示数据的后6行，如果想显示后3行，则可以写成tail(table2_1,3)。使用class函数可以查看数据的类型；使用nrow函数和ncol函数可以查看数据框的行数和列数，使用dim函数可以同时查看数据框的行数和列数。当数据量比较大时，可以使用str函数查看数据的结构。代码框2－5展示了查看数据框的R代码和结果。

代码框2－5　查看数据框

```
> table2_1<-read.csv("C:/Rdata/example/chap02/table2_1.csv")        # 加载数据框 table2_1

# 查看数据框
> table2_1                                                          # 显示 table2_1 中的数据
    姓名 统计学 数学 经济学
1 刘文涛     68   85     84
2 王宇翔     85   91     63
3 田思雨     74   74     61
4 徐丽娜     88  100     49
5 丁文彬     63   82     89
> head(table2_1,3)                                                  # 显示前 3 行
    姓名 统计学 数学 经济学
1 刘文涛     68   85     84
2 王宇翔     85   91     63
3 田思雨     74   74     61
> tail(table2_1,3)                                                  # 显示后 3 行
    姓名 统计学 数学 经济学
3 田思雨     74   74     61
4 徐丽娜     88  100     49
5 丁文彬     63   82     89

# 查看数据框的行数和列数
> nrow(table2_1)                                                    # 查看 table2_1 的行数
[1] 5
> ncol(table2_1)                                                    # 查看 table2_1 的列数
[1] 4
> dim(table2_1)                                                     # 同时查看行数和列数
[1] 5 4

# 查看数据的类型
> class(table2_1)
[1] "data.frame"
```

```
# 查看数据结构
> str(table2_1)                                    # 查看 table2_1 的数据结构
'data.frame':  5 obs. of  4 variables:
 $ 姓名  : Factor w/ 5 levels " 丁文彬 "," 刘文涛 ",..: 2 4 3 5 1
 $ 统计学 : int  68 85 74 88 63
 $ 数学  : int  85 91 74 100 82
 $ 经济学 : int  84 63 61 49 89
```

代码框 2－5 中，代码 str(table2_1) 的运行结果显示，table2_1 是一个数据框，有 4 个变量，每个变量有 5 个观测值。其中“姓名”是因子，有 5 个水平，因子的编码（按姓名的拼音字母顺序）为 2 4 3 5 1；“统计学”“数学”“经济学”是数值变量。当数据量较大时，R 会显示前几个，其余省略。

3. 数据框的访问

如果需要访问数据框中的某个变量或某些变量，也就是要对数据框中的特定变量进行分析，需用“ $”符号指定要分析的变量，也可以使用下标 [ ] 进行指定。代码框 2－6 展示了访问数据框的几种方法。

代码框 2－6　访问数据框

```
> table2_1<-read.csv("C:/Rdata/example/chap02/table2_1.csv")          # 加载数据框

# 访问数据框中的列
> table2_1$ 统计学                               # 访问数据框 table2_1 中的“统计学”变量
[1] 68 85 74 88 63
> table2_1[,2]                                   # 访问数据框 table2_1 中的第 2 列
[1] 68 85 74 88 63
> table2_1[,2:4]                                 # 访问数据框 table2_1 中的第 2 列到第 4 列
  统计学 数学 经济学
1     68   85     84
2     85   91     63
3     74   74     61
4     88  100     49
5     63   82     89
> table2_1[,c(2,4)]                              # 访问数据框 table2_1 中的第 2 列和第 4 列
  统计学 经济学
1     68     84
2     85     63
3     74     61
4     88     49
5     63     89
```

```
# 访问数据框中的行
> table2_1[2,]                # 访问数据框 table2_1 中的第 2 行
    姓名 统计学 数学 经济学
2 王宇翔     85   91     63
> table2_1[2:4,]              # 访问数据框 table2_1 中的第 2 行到第 4 行
    姓名 统计学 数学 经济学
2 王宇翔     85   91     63
3 田思雨     74   74     61
4 徐丽娜     88  100     49
> table2_1[c(2,4),]           # 访问数据框 table2_1 中的第 2 行和第 4 行
    姓名 统计学 数学 经济学
2 王宇翔     85   91     63
4 徐丽娜     88  100     49
```

4. 数据框的合并

如果需要合并不同的数据框，使用 rbind 函数可以将不同的数据框按行合并；使用 cbind 函数可以将不同的数据框按列合并。需要注意，按行合并时，数据框中的列名称必须相同；按列合并时，数据框中的行名称必须相同，否则合并是没有意义的。假如除上面的数据框 table2_1 外，还有一个数据框 table2_2，如表 2－2 所示。

表 2－2　5 名学生 3 门课程的考试分数（table2_2）

姓名	统计学	数学	经济学
李志国	78	84	51
王智强	90	78	59
宋丽媛	80	100	53
袁芳芳	58	51	79
张建国	63	70	91

表 2－2 是另外 5 名学生相同课程的考试分数。如果将两个数据框按行合并，代码和结果如代码框 2－7 所示。

代码框 2－7　按行合并数据框

```
> table2_1<-read.csv("C:/Rdata/example/chap02/table2_1.csv")
> table2_2<-read.csv("C:/Rdata/example/chap02/table2_2.csv")
> tab12<-rbind(table2_1,table2_2);tab12        # 按行合并数据框
     姓名 统计学 数学 经济学
1  刘文涛     68   85     84
2  王宇翔     85   91     63
3  田思雨     74   74     61
4  徐丽娜     88  100     49
```

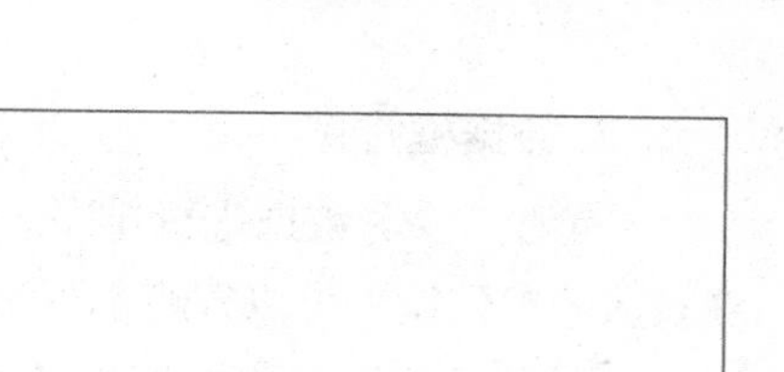

```
5  丁文彬    63   82    89
6  李志国    78   84    51
7  王智强    90   78    59
8  宋丽媛    80  100    53
9  袁芳芳    58   51    79
10 张建国    63   70    91
```

假定上面的10名学生还有两门课程的考试分数，如表2-3所示。

表2-3 10名学生另外两门课程的考试分数（table2_3）

姓名	金融	会计
刘文涛	89	86
王宇翔	76	66
田思雨	80	69
徐丽娜	71	66
丁文彬	78	80
李志国	60	60
王智强	72	66
宋丽媛	73	70
袁芳芳	91	85
张建国	85	82

如果将表2-3的数据按列合并到tab12中，代码和结果如代码框2-8所示。

代码框2-8 按列合并数据框

```
> table2_3<-read.csv("C:/Rdata/example/chap02/table2_3.csv")
> tab12<-rbind(table2_1,table2_2);tab12        # 按行合并数据框
> cbind(tab12,table2_3[,2:3])                  # 选择 table2_3 的 2 到 3 列，按列合并到数据框 tab12
     姓名 统计学 数学 经济学 金融 会计
1  刘文涛    68   85    84   89   86
2  王宇翔    85   91    63   76   66
3  田思雨    74   74    61   80   69
4  徐丽娜    88  100    49   71   66
5  丁文彬    63   82    89   78   80
6  李志国    78   84    51   60   60
7  王智强    90   78    59   72   66
8  宋丽媛    80  100    53   73   70
9  袁芳芳    58   51    79   91   85
10 张建国    63   70    91   85   82
```

5. 数据框排序

有时需要对数据进行排序。使用 sort 函数可以对向量排序，函数默认 decreasing=FALSE（默认的参数设置可以省略不写），即升序排列，降序时，可设置参数 decreasing=TRUE。

如果要对整个数据框中的数据进行排序，排序结果与数据框中的行变量对应，则可以使用 base 包中的 order 函数、dplyr 包中的 arrange 函数等。其中 dplyr 包提供了数据框操作的多个函数，比如排序函数 arrange、变量筛选或重命名函数 select、数据汇总函数 summarise 等。排序函数 arrange 可以根据数据框中的某个列变量对整个数据框排序。函数默认按升序排列，降序时，设置参数 desc(变量名) 即可。

以表 2－1 的数据（table2_1）为例，使用 dplyr 包中的 arrange 函数对数据排序的 R 代码和结果如代码框 2－9 所示。

代码框 2－9　数据框排序

```
> table2_1<-read.csv("C:/Rdata/example/chap02/table2_1.csv")      # 加载数据框
> library(dplyr)                                                  # 加载包

# 按姓名升序对整个数据框排序
> arrange(table2_1, 姓名 )
   姓名  统计学  数学  经济学
1 丁文彬     63    82     89
2 刘文涛     68    85     84
3 田思雨     74    74     61
4 王宇翔     85    91     63
5 徐丽娜     88   100     49

# 按数学分数降序对整个数据框排序
> arrange(table2_1,desc( 数学 ))
   姓名  统计学  数学  经济学
1 徐丽娜     88   100     49
2 王宇翔     85    91     63
3 刘文涛     68    85     84
4 丁文彬     63    82     89
5 田思雨     74    74     61
```

使用 order 函数也可以对数据框排序，运行代码 table1_1[order(table1_1$ 姓名),] 和 table1_1[order(table1_1$ 数学 , decreasing=TRUE),]，得到与上述相同的结果。使用代码 sort(table1_1$ 姓名) 可以对姓名做升序排列；使用代码 sort(table1_1$ 统计学 ,decreasing=TRUE) 可以对统计学分数做降序排列。

2.1.3　因子和列表

类别变量在 R 语言中称为**因子**（factor），因子的取值称为**水平**（level）。很多数据结构中都包含因子，分析或绘图时通常会按照因子的水平进行分类处理。

使用 factor 函数可以将向量编码为因子。比如，a<-c(" 金融 "," 地产 "," 医药 "," 医药 "," 金融 "," 医药 ")，factor(a) 将此向量按元素的名称顺序编码为 (2,1,3,3,2,3)。根据分析的需要，可以使用 as.numeric 函数将因子转换为数值。比如，将向量 a<-c(" 金融 "," 地产 "," 医药 "," 医药 "," 金融 "," 医药 ") 编码为因子并转换为数值。使用 factor 函数（参数设置 ordered=TRUE）还可以将无序因子编码为有序因子。R 代码和结果如代码框 2－10 所示。

代码框 2－10　创建因子

```
# 将无序因子转换为数值
> a<-c(" 金融 "," 地产 "," 医药 "," 医药 "," 金融 "," 医药 ")        # 创建因子向量 a
> f1<-factor(a)                                                        # 将向量 a 编码为因子
[1] 金融 地产 医药 医药 金融 医药
Levels: 地产 金融 医药
> as.numeric(f1)                                                       # 将因子转换为数值
[1] 2 1 3 3 2 3

# 将无序因子转换为有序因子或数值
> b<-c(" 很好 "," 好 "," 一般 "," 差 "," 很差 ")                      # 创建因子向量 b
> f2<-factor(b,ordered=TRUE,levels=c(" 很好 "," 好 "," 一般 "," 差 "," 很差 ")) # 将向量 b 编码为有序因子
> f2
[1] 很好 好 一般 差 很差
Levels: 很好 < 好 < 一般 < 差 < 很差

> as.numeric(f2)                                                       # 将因子转换为数值
[1] 1 2 3 4 5
```

列表是一些对象的集合，它是 R 语言中较复杂的数据形式，一个列表中可能包含若干向量、矩阵、数据框等。使用 list 函数可以创建列表。限于篇幅，这里不再介绍，请读者使用 help(list) 查阅帮助。

2.2 数据抽样和筛选

从一个已知的总体数据集中抽取随机样本可以采取不同的抽样方法，对应的 R 函数也不同。比如，使用 base 包中的 sample 函数可以从一个已知的数据集中抽取简单随机样本，也可以用于抽取符合特定条件的数据；使用 sampling 包中的 strata 函数可以进行分层抽样，使用 srswr 函数采取有放回抽样方式抽取简单随机样本，使用 srswor 函数可以采取无放回抽样方式抽取简单随机样本；使用 doBy 包的 systematic 函数可以进行系统抽样；等等。本节只介绍抽取简单随机样本的方法。

2.2.1 抽取简单随机样本

下面通过一个例子，说明使用 sample 函数抽取简单随机样本的方法。

例 2－1 （数据：example2_1）表 2－4 是 50 个学生的姓名、性别、专业和考试分数数据，请使用 sample 函数抽取简单随机样本。

表 2－4 50 个学生的姓名、性别、专业和考试分数数据（只列出前 5 行和后 5 行）

姓名	性别	专业	考试分数
张青松	男	会计学	82
王宇翔	男	金融学	81
田思雨	女	会计学	75
徐丽娜	女	管理学	86
张志杰	男	会计学	77
……	……	……	……
孙梦婷	女	管理学	86
唐国健	男	管理学	75
尹嘉韩	男	会计学	70
王雯迪	女	会计学	73
王思思	女	会计学	80

解 使用 sample 函数从一个已知的数据集中抽取简单随机样本，函数默认 replace=FALSE，即采取无放回抽样方式抽取样本，设置参数 replace=TRUE 则采取有放回抽样方式抽取样本，该函数也可以抽出符合特定条件的数据。代码和结果如代码框 2－11 所示。

代码框 2－11 抽取简单随机样本

```
> df<-read.csv("C:/Rdata/example/chap02/example2_1.csv")  # 加载数据框

# 随机抽取 10 个学生组成一个样本
> n1<-sample(df$ 姓名 ,size=10);n1                          # 无放回抽取 10 个数据
 [1] "张天洋" "高凤云" "吴凯迪" "宋丽媛" "潘文凯" "李爱华" "刘晓军"
 [8] "李宗洋" "孙学伟" "丁丽佳"
> n2<-sample(df$ 姓名 ,size=10,replace=TRUE);n2             # 有放回抽取 10 个数据
 [1] "马凤良" "李国胜" "王宇翔" "高凤云" "杨小波" "张建国" "袁芳芳"
 [8] "邵海阳" "谭英键" "徐海涛"

# 随机抽取 10 个考试分数组成一个样本
> n3<-sample(df$ 考试分数 ,size=10);n3                      # 无放回抽取 10 个数据
 [1] 73 73 79 97 56 78 88 80 82 80
> n4<-sample(df$ 考试分数 ,size=10,replace=TRUE);n4         # 有放回抽取 10 个考试分数
 [1] 74 56 63 79 73 71 71 82 83 82
```

由于是随机抽样，每次运行上述代码都会得到不同的结果。

2.2.2　数据筛选

数据筛选（data filter）是根据需要找出符合特定条件的某类数据。比如，找出每股盈利在2元以上的上市公司；找出考试成绩在90分及以上的学生；等等。

使用R中的sample函数和which函数、dplyr包中的filter函数等均可以进行数据筛选。下面以例2-1中表2-4的数据为例说明数据筛选的方法，代码和结果如代码框2-12所示。

代码框2-12　数据筛选

```
> df<-read.csv("C:/Rdata/example/chap02/example2_1.csv")  # 加载数据框

# 使用sample函数抽出符合特定条件的数据
> sample(df$姓名[df$考试分数<60])                  # 抽出考试分数小于60的所有学生
[1] "马凤良" "张天洋" "孙学伟"
> sample(df$考试分数[df$考试分数>=90])             # 抽出大于等于90的所有考试分数
[1] 92 98 90 97 91
> sample(df$姓名[df$专业=="会计学"])               # 抽出会计学专业的所有学生
[1] "王思思" "杨小波" "孙学伟" "田思雨" "张青松" "高凤云" "张志杰"
[8] "宋丽媛" "李冬茗" "王晓倩" "李爱华" "谭英键" "张天洋" "徐海涛"
[15] "王雯迪" "张建国" "尹嘉韩" "卢春阳" "王浩波"

# 使用dplyr包中的filter函数筛选出符合特定条件的数据
library(dplyr)
filter(df,考试分数>=90)                           # 筛选考试分数大于等于90的所有学生
    姓名  性别   专业  考试分数
1  赵颖颖   女  金融学       97
2  宋丽媛   女  会计学       92
3  刘晓军   男  管理学       91
4  李国胜   男  金融学       90
5  李爱华   女  会计学       98

> filter(df,性别=="女"&专业=="会计学")             # 筛选出会计学专业的女生
    姓名  性别   专业  考试分数
1  田思雨   女  会计学       75
2  宋丽媛   女  会计学       92
3  李爱华   女  会计学       98
4  高凤云   女  会计学       79
5  李冬茗   女  会计学       88
6  王晓倩   女  会计学       86
7  卢春阳   女  会计学       79
8  王雯迪   女  会计学       73
9  王思思   女  会计学       80
```

```
> filter(df, 性别 ==" 女 "& 专业 ==" 会计学 "& 考试分数 >=90)
                                        # 筛选出会计学专业考试分数大于等于 90 的女生
    姓名 性别    专业 考试分数
1 宋丽媛   女 会计学       92
2 李爱华   女 会计学       98

> filter(df, 考试分数 >=90 & 专业 ==" 金融学 "& 性别 ==" 男 ")
                                        # 筛选出考试分数大于等于 90 的金融学专业男生
    姓名 性别    专业 考试分数
1 李国胜   男 金融学       90
```

2.2.3 生成随机数

有时需要生成某种分布的随机数用于模拟分析。用 R 软件产生随机数十分简单，只需在相应分布函数的前面加上字母 r 即可。由于是随机生成，每次运行会得到不同的随机数。要想每次运行都产生相同的一组随机数，可在生成随机数之前使用函数 set.seed() 设定随机数种子。可在括号内输入任意数字，如 set.seed(12)。使用相同的随机数种子，每次运行都会产生一组相同的随机数。代码框 2－13 展示了生成几种不同随机数的方法。

代码框 2－13　生成随机数

```
# 生成不同分布的随机数
> rnorm(n=10,mean=0,sd=1)          # 生成 10 个标准正态分布随机数
 [1] -0.462681535  0.004700029  1.450397255  0.752679093  0.966159790
 [6]  0.468476824 -0.240907899  1.032576779 -0.640199231 -1.316224390
> set.seed(15)                     # 设定随机数种子
> rnorm(n=10,mean=50,sd=5)         # 生成 10 个均值为 50、标准差为 5 的正态分布随机数
 [1] 51.29411 59.15560 48.30191 54.48599 52.44008 43.72307 50.11394
 [8] 55.45387 49.33939 44.62499
> runif(n=10,min=0,max=10)         # 在 0 到 10 之间生成 10 个均匀分布随机数
 [1] 8.0372740 7.9334595 3.5756312 0.5800106 5.6574614 6.5900692
 [7] 1.0697354 1.4838386 9.2775703 4.7636970
```

2.3 数据类型的转换

在数据分析或绘图时，不同的 R 函数对数据的形式可能有不同的要求。比如，有的函数要求数据是向量，有的要求是数据框，有的要求是矩阵，等等。为满足不同分析或绘图的需要，有时要将一种数据结构转换为另一种数据结构。比如，将数据框中的

一个或几个变量转换为向量，将数据框转换为矩阵，将短格式数据转化成长格式数据，等等。

2.3.1 将变量转换成向量

为方便分析，可以将数据框中的某个变量转换为一个向量，也可以将几个变量合并转换成一个向量（注意：只有数据合并有意义时转换才有价值）。比如，将 table2_1 中的统计学分数转换成向量，将统计学和数学分数合并转换成一个向量，代码和结果如代码框 2－14 所示。

代码框 2－14 将数据框中的变量转换成向量

```
# 将 table2_1 中的统计学分数转换成向量、统计学分数和数学分数合并转换为向量
> table2_1<-read.csv("C:/Rdata/example/chap02/table2_1.csv")
> vector1<-as.vector(table2_1$统计学);vector1                    # 将统计学分数转换成向量
 [1] 68 85 74 88 63
> vector2<-as.vector(c(table2_1$统计学,table2_1$数学));vector2   # 将统计学和数学分数合并转换成向量
 [1]  68  85  74  88  63  85  91  74 100  82
> vector3<-as.vector(as.matrix(table2_1[,2:4]));vector3           # 将数据框转换为向量
 [1]  68  85  74  88  63  85  91  74 100  82  84  63  61  49  89
```

2.3.2 将数据框转换成矩阵

R 中的有些函数要求数据必须是矩阵形式，有些则要求必须是数据框形式，这时就需要做数据转换。比如，要将数据框 table2_1 转换成名为 mat 的矩阵，代码和结果如代码框 2－15 所示。

代码框 2－15 将数据框转换成矩阵

```
# 将数据框 table2_1 转换为矩阵 mat
> table2_1<-read.csv("C:/Rdata/example/chap02/table2_1.csv")
> mat<-as.matrix(table2_1[,2:4])           # 将 table2_1 中的 2~4 列转换为矩阵 mat
> rownames(mat)=table2_1[,1]               # 矩阵的行名为 table2_1 第 1 列的名称
> mat                                      # 查看矩阵
       统计学 数学 经济学
刘文涛     68   85     84
王宇翔     85   91     63
田思雨     74   74     61
徐丽娜     88  100     49
丁文彬     63   82     89
```

要将矩阵 mat 转换成数据框，可以使用代码 as.data.frame(mat)。

2.3.3 将短格式转换成长格式

数据框 table2_1 中的每一门课程占据一列，这种数据形式属于短格式或称宽格式。短格式数据通常是为出版的需要而设计的。实际上，在 table2_1 中，除姓名外，只涉及两类变量：一个是“课程”(因子)，一个是“分数”(数值)。使用 R 做数据分析或绘图时，有时需要将“课程”和“分数”分别放在单独的列中，这种格式的数据就是长格式。

将短格式数据转换成长格式数据，可以使用 reshape2 包中的 melt 函数、tidyr 包中的 gather 函数等。使用前需要安装并加载 reshape2 包或 tidyr 包。使用 reshape2 包中的 melt 函数将 table2_1 的数据转化成长格式，代码和结果如代码框 2－16 所示。

代码框 2－16 将短格式数据转换成长格式

```
> table2_1<-read.csv("C:/Rdata/example/chap02/table2_1.csv")
> library(reshape2)                        # 加载 reshape2 包
> df<-melt(table1_1,id.vars=" 姓名 ",variable.name=" 课程 ",value.name=" 分数 ")
              # 融合 table2_1 与 id 变量，并命名 variable.name=" 课程 ",value.name=" 分数 "
> df          # 显示 df
     姓名   课程  分数
1  刘文涛 统计学    68
2  王宇翔 统计学    85
3  田思雨 统计学    74
4  徐丽娜 统计学    88
5  丁文彬 统计学    63
6  刘文涛   数学    85
7  王宇翔   数学    91
8  田思雨   数学    74
9  徐丽娜   数学   100
10 丁文彬   数学    82
11 刘文涛 经济学    84
12 王宇翔 经济学    63
13 田思雨 经济学    61
14 徐丽娜 经济学    49
15 丁文彬 经济学    89
```

函数 melt 中的 id.vars 称为**标识变量**，用于指定按哪些因子（一个或多个因子）汇集其他变量（通常是数值变量）的值。比如，id.vars=" 姓名 "，表示要将统计学、数学和经济学的分数按姓名汇集成一个变量，而且汇集成一列的数值与原来的课程和姓名相对应。variable.name=" 课程 " 表示 3 门课程汇集成一列后的名称。value.name=" 分数 " 表示分数汇集成一列后的名称。

如果数据中没有标识变量，比如，假定 table2_1 中没有“姓名”这一列，只有三门课程的名称和分数，在 melt 行数中可以不设置 id.vars（标识变量）。

2.4 生成频数分布表

频数分布表（frequency distribution table）是展示数据的一种基本形式，它是对类别数据（因子的水平）计数或数值数据类别化（分组）后计数生成的表格，用于展示数据的**频数分布**（frequency distribution），其中，落在某一特定类别的数据个数称为**频数**（frequency）。

用频数分布表可以观察不同类型数据的分布特征。比如，通过不同品牌产品销售量的分布可以了解其市场占有率；通过一所大学不同学院学生人数的分布了解该大学的学生构成；通过社会中不同收入阶层的人数分布了解收入的分布状况；等等。

2.4.1 类别数据的频数表

由于类别数据本身就是一种分类，只要将所有类别都列出来，然后计算出每一类别的频数，就可生成一张频数分布表。根据观测变量的多少，可以生成简单频数表、二维列联表和多维列联表等。

1. 简单频数表

只涉及一个类别变量时，这个变量的各类别（取值）可以放在频数分布表中"行"的位置，也可以放在"列"的位置，将该变量的各类别及其相应的频数列出来就是一个简单的频数表，也称为**一维列联表**（one-dimensional contingency table）或简称一维表。下面通过一个例子说明简单频数分布表的生成过程。

例 2－2（数据：example2_1）沿用例 2－1。分别生成学生性别和专业的简单频数表。

解 性别和专业是两个分类变量。对每个变量可以生成一个简单频数分布表，分别观察 50 名学生性别和专业的分布状况。

R 中生成列联表的函数有 base 包中的 table 函数、stats 包中的 ftable 函数、vcd 包中的 structable 函数等。使用 prop.table 函数可以将频数表转化成百分比表。使用 table 函数生成频数分布表的代码和结果如代码框 2－17 所示。

代码框 2－17 生成单变量频数分布表

```
# 生成性别的简单频数表
> example2_1<-read.csv("C:/Rdata/example/chap02/example2_1.csv")
> mytable<-table(example2_1$ 性别 );mytable                    # 生成性别的频数表
男  女
28  22

# 生成专业的简单频数表
> tab2<-table(example2_1$ 专业 );tab2                          # 生成专业的频数表
管理学  会计学  金融学
    15      19      16
```

```
> prop.table(tab2)*100                              # 将频数表转化成百分比表
管理学 会计学 金融学
    30     38     32
```

2. 二维列联表

当涉及两个类别变量时，可以将一个变量的各类别放在“行”的位置，另一个变量的各类别放在“列”的位置（行和列可以互换），由两个类别变量交叉分类形成的频数分布表称为**二维列联表**（two-dimensional contingency table），简称二维表或**交叉表**（cross table）。例如，根据例 2 – 1 的性别和专业两个变量，可以将性别放在行的位置、将专业放在列的位置生成二维列联表。

使用 table 函数可以生成两个类别变量的二维列联表，使用 addmargins 函数可为列联表添加边际和。以性别和专业为例，生成二维列联表的代码和结果如代码框 2 – 18 所示。

代码框 2 – 18　生成两个变量的二维列联表

```
> example2_1<-read.csv("C:/Rdata/example/chap02/example2_1.csv")
> tab3<-table(example2_1$ 性别 , example2_1$ 专业 );tab3      # 生成性别和专业的二维列联表
    专业
性别 管理学 会计学 金融学
  男     11     10      7
  女      4      9      9

> addmargins(tab3)                                           # 为列联表添加边际和
     专业
性别  管理学 会计学 金融学 Sum
  男      11     10      7  28
  女       4      9      9  22
  Sum     15     19     16  50

> addmargins(prop.table(tab3)*100)                           # 将列联表转换成百分比表
     专业
性别  管理学 会计学 金融学 Sum
  男      22     20     14  56
  女       8     18     18  44
  Sum     30     38     32 100
```

如果得到的数据本身就是列联表形式，为满足自身的分析需要，也可以将列联表转换成原始数据（数据框形式）或者转化成带有交叉类别频数的数据框。使用 DescTools 包中的 Untable 函数很容易完成转换。比如，将代码框 2 – 18 中生成的二维列联表 tab3 转换成数据框形式，代码和结果如代码框 2 – 19 所示。

代码框 2-19 将列联表转化成原始数据框

```
# 将列联表转化成原始的数据框
> example2_1<-read.csv("C:/Rdata/example/chap02/example2_1.csv")
> library(DescTools)
> tab3<-table(example2_1$ 性别 , example2_1$ 专业 )          # 生成性别和专业的二维列联表
> d<-Untable(tab3)                                          # 将列联表转化成原始数据框
> df1<-data.frame( 性别 =d$Var1, 专业 =d$Var2)              # 重新命名变量
> head(dd,3);tail(dd,3)                                     # 显示前 3 行和后 3 行
  性别    专业
1  男    管理学
2  男    管理学
3  男    管理学
   性别    专业
48  女    金融学
49  女    金融学
50  女    金融学

# 将列联表转化成带有类别交叉频数的数据框
> df2<-as.data.frame(tab3)
> data.frame( 性别 =df2$Var1, 专业 =df2$Var2, 人数 =df2$Freq)      # 重新命名变量
  性别   专业  人数
1  男  管理学   11
2  女  管理学    4
3  男  会计学   10
4  女  会计学    9
5  男  金融学    7
6  女  金融学    9
```

3. 频数表的简单分析

对于频数分布表可以使用**比例**（proportion）、**百分比**（percentage）、**比率**（ratio）等统计量进行描述。如果是有序类别数据，还可以计算**累积频数**（cumulative frequency）和**累积百分比**（cumulative percent）进行分析。

比例也称构成比，它是一个样本（或总体）中各类别的频数与全部频数之比，通常用于反映样本（或总体）的构成或结构。将比例乘以 100 得到的数值称为百分比，用 % 表示。比率是样本（或总体）中各不同类别频数之间的比值，反映各类别之间的比较关系。由于比率不是部分与整体之间的对比关系，因而比值可能大于 1。累积频数是将各有序类别的频数逐级累加的结果（注意：对于无序类别的频数计算累积频数没有意义），累积百分比则是将各有序类别的百分比逐级累加的结果。

使用 DescTools 包中的 Desc 函数可以对简单频数表和二维列联表做各种分析，还可以给出相应的条形图，代码和结果如代码框 2-20 所示。

代码框 2-20 频数表的分析

```
> example2_1<-read.csv("C:/Rdata/example/chap02/example2_1.csv")
> attach(example2_1)              # 绑定数据
> library(DescTools)              # 加载包

# 简单频数表的分析
> Desc(example2_1$ 专业 )
------------------------------------------------------------
example2_1$ 专业 (character)

 length      n   NAs unique levels  dupes
     50     50     0      3      3      y
        100.0%  0.0%

    level  freq   perc  cumfreq  cumperc
1  会计学    19  38.0%       19    38.0%
2  金融学    16  32.0%       35    70.0%
3  管理学    15  30.0%       50   100.0%

# 二维列联表的分析
> Desc(table(example2_1$ 性别 ,example2_1$ 专业 ))
------------------------------------------------------------------------
table(example2_1$ 性别 , example2_1$ 专业 ) (table)

Summary:
n: 50, rows: 2, columns: 3

              管理学   会计学   金融学       Sum

男     freq       11       10        7        28
       perc    22.0%    20.0%    14.0%     56.0%
       p.row   39.3%    35.7%    25.0%         .
       p.col   73.3%    52.6%    43.8%         .

女     freq        4        9        9        22
       perc     8.0%    18.0%    18.0%     44.0%
       p.row   18.2%    40.9%    40.9%         .
       p.col   26.7%    47.4%    56.2%         .

Sum    freq       15       19       16        50
       perc    30.0%    38.0%    32.0%    100.0%
       p.row       .        .        .         .
       p.col       .        .        .         .
```

注：列联表分析的输出中删除了图形以及与本章无关的内容。Desc 函数的更多信息请查阅函数帮助。

代码框2-20的简单频数表分析中，给出了样本量（length\n）信息、因子的水平（level）、频数（freq）、频数百分比（perc）、累积频数（cumfreq）、累积频数百分比（cumperc）等。

二维列联表分析中给出了列联表的汇总信息（Summary），其中包括样本量（n）、列联表的行数（rows）和列数（columns）以及列联表频数和百分比信息等（读者可自行进行分析）。

2.4.2 数值数据的类别化

在生成数值数据的频数分布表时，需要先将数据划分成不同的数值区间，这样的区间就是类别数据，然后再生成频数分布表，这一过程称为**类别化**（categorization）。类别化的方法是将原始数据分成不同的组别，数据分组是将数值数据转化成类别数据的方法之一，它是先将数据按照一定的间距划分成若干个区间，然后再统计出每个区间的频数，生成频数分布表。通过分组可以将数值数据转化成具有特定意义的类别，比如，根据空气质量指数（Air Quality Index，AQI）数据将空气质量分为6级：优（0～50）、良（51～100）、轻度污染（101～150）、中度污染（151～200）、重度污染（201～300）、严重污染（300以上）；按收入的多少将家庭划分成低收入、中等收入、高收入；等等。

下面结合具体例子说明数值数据频数分布表的生成过程。

例2-3 （数据：example2_3）某电商平台2022年前4个月的销售额数据如表2-5所示。对销售额做适当分组，分析销售额的分布特征。

表2-5 某电商平台2022年前4个月的销售额 （单位：万元）

282	207	235	193	210	227	220	215	201	196
191	246	182	205	232	263	215	227	234	248
235	208	262	206	211	216	222	247	214	226
209	206	197	249	234	258	228	227	234	244
198	209	226	206	212	191	227	228	198	209
250	210	253	208	203	217	224	213	235	245
201	182	256	218	213	182	216	229	232	230
214	244	217	209	271	217	225	217	219	248
202	171	253	262	213	226	275	232	236	206
222	264	177	210	228	215	225	228	238	243
204	181	213	248	245	219	243	236	239	216
251	213	234	210	218	220	226	233	240	253

解 首先，确定要分的组数。确定组数的方法有多种。设组数为K，根据Sturges给出的组数确定方法，$K=1+\log_{10}(n)/\log_{10}(2)$。当然这只是个大概数，具体的组数可根据需要适当调整。表2-5中共有120个数据，$K=1+\log_{10}(120)/\log_{10}(2)=8$，或使用R函数nclass.Sturges(example2_3$销售额)，得$K=8$，因此，可以将数据大概分成8组。当然，这只是个大概数，实际分组时，可根据需要适当调整，比如将组距确定为10，分成12组，等等。

其次，确定各组的组距（组的宽度）。组距可根据全部数据的最大值和最小值及所分的组数来确定，即组距＝(最大值－最小值)÷组数。表2－5中的数据，最小值为171，最大值为282，则组距＝(282–171)/8 ≈ 14，因此组距可取14。为便于理解，可取组距＝15（使用者根据分析的需要确定一个大概数即可）。

最后，统计出各组的频数即得频数分布表。在统计各组频数时，恰好等于某一组上限的变量值一般不算在本组内，而算在下一组，即一个组的数值 x 满足 $a \leqslant x < b$。

使用base包中的cut函数、actuar包中的grouped.data函数、DescTools包中的Freq函数等均可实现数据分组并生成频数分布表。这里推荐使用DescTools包中的Freq函数。由Freq函数生成频数分布表的代码和结果如代码框2－21所示。

代码框 2－21　数据分组与生成频数分布表

```
# 使用 Freq 函数的默认分组，含上限值
> example2_3<-read.csv("C:/Rdata/example/chap02/example2_3.csv")
> library(DescTools)              # 加载包
> tab1<- Freq(example2_3$ 销售额 )
> tab1
               level  freq    perc  cumfreq  cumperc
1          [170,180]     2    1.7%        2     1.7%
2          (180,190]     4    3.3%        6     5.0%
3          (190,200]     7    5.8%       13    10.8%
4          (200,210]    21   17.5%       34    28.3%
5          (210,220]    25   20.8%       59    49.2%
6          (220,230]    19   15.8%       78    65.0%
7          (230,240]    16   13.3%       94    78.3%
8          (240,250]    13   10.8%      107    89.2%
9          (250,260]     6    5.0%      113    94.2%
10         (260,270]     4    3.3%      117    97.5%
11         (270,280]     2    1.7%      119    99.2%
12         (280,290]     1    0.8%      120   100.0%

# 指定组距 =15（不含上限值）
> tab2<-Freq(example2_3$ 销售额 ,
+ breaks=c(170,185,200,215,230,245,260,275,290),right=FALSE)
                                  # 指定组距 =15，不含上限值
> tab2<-data.frame( 分组 =tab2$level, 频数 =tab2$freq, 频数百分比 =tab2$perc*100,
+ 累积频数 =tab2$cumfreq, 累积百分比 =tab2$cumperc*100) # 重新命名频数表中的变量
> print(tab2,digits=4)              # 用 print 函数定义输出结果的小数位数
        分组  频数  频数百分比  累积频数  累积百分比
1 [170,185)    6       5.000         6        5.00
2 [185,200)    7       5.833        13       10.83
3 [200,215)   30      25.000        43       35.83
```

```
4 [215,230)   34    28.333     77     64.17
5 [230,245)   21    17.500     98     81.67
6 [245,260)   15    12.500    113     94.17
7 [260,275)    5     4.167    118     98.33
8 [275,290]    2     1.667    120    100.00
```

注：Freq 函数中的参数 breaks 用于确定所分的组数，可根据需要确定一个分组切割点的数值向量；参数 right 为逻辑值，确定区间是否包含上限值，默认 right=TRUE，包含上限值。更多信息可查看帮助。

代码框 1－21 中的频数分布表列出了组别（level）、各组的频数（freq）、各组频数百分比（perc）、累积频数（cumfreq）、累积频数百分比（cumperc）。结果显示，分成组距为 10 的组时，销售额主要集中在 210 万元～ 220 万元，共有 25 天，占总天数的 20.8%。分成组距为 15 的组时，销售额主要集中在 215 万元～ 230 万元，共有 34 天，占总天数的 28.3%。

数据分组后掩盖了各组内的数据分布状况，为了用一个值代表每个组的数据，通常需要计算出每个组的**组中值**（class midpoint），它是每个组的下限和上限之间的中点值，即组中值 =(下限值 + 上限值) ÷ 2。使用组中值代表一组数据时有一个必要的假定条件，即各组数据在本组内呈均匀分布或在组中值两侧对称分布。如果实际数据的分布不符合这一假定，那么用组中值作为一组数据的代表值会有一定的误差。

思维导图

下面的思维导图展示了本章的内容框架。

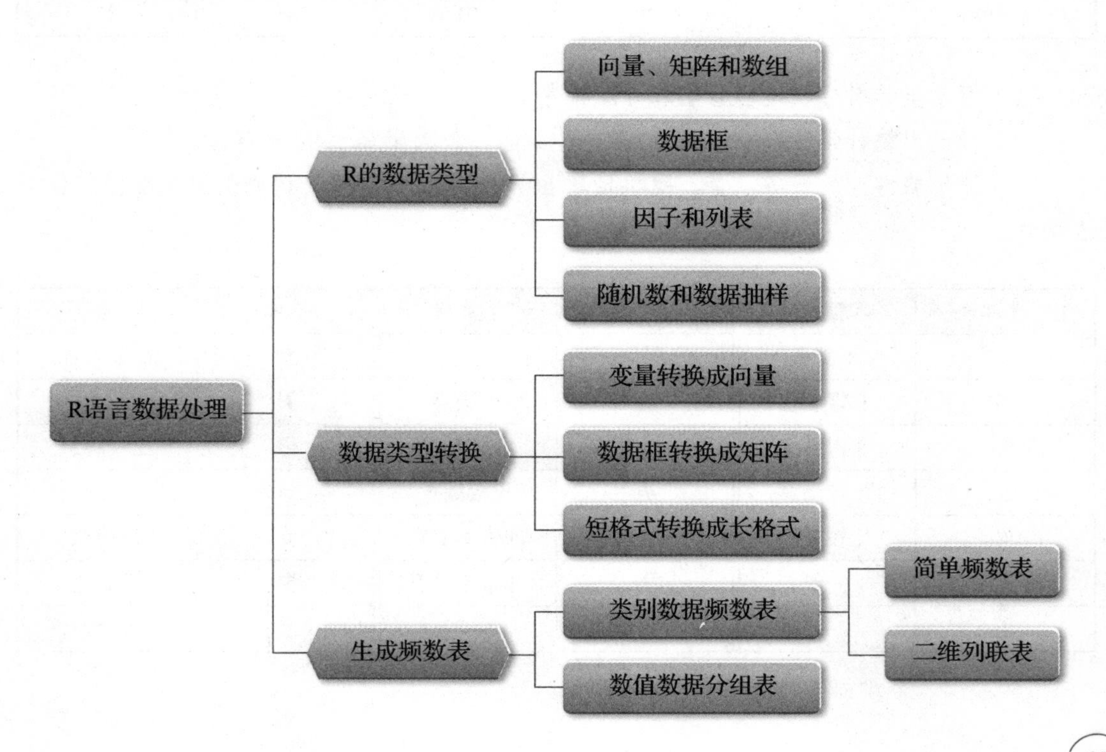

思考与练习

一、思考题

1. 简述R语言的数据类型。

2. 简述数据类型转换的方法。

3. 简述生成频数分布表的方法。

二、练习题

1. 下面是随机抽取的10名学生5门课程的考试分数。

姓名	统计学	数学	营销学	管理学	会计学
赵宇翔	85	91	63	76	66
程建功	68	85	84	89	86
田思雨	74	74	61	80	69
徐丽娜	88	100	49	71	66
张志杰	63	82	89	78	80
房文英	78	84	51	60	60
王智强	90	78	59	72	66
宋丽媛	80	100	53	73	70
洪天利	58	51	79	91	85
高见岭	63	70	91	85	82

（1）对学生姓名分别按拼音字母升序排序。

（2）筛选出统计学分数小于60的学生和数学分数大于等于90的学生。

2. 为评价旅游业的服务质量，随机抽取60个顾客进行调查，得到的满意度回答如下表所示：

性别	满意度	性别	满意度	性别	满意度
女	不满意	女	一般	女	比较满意
男	非常满意	男	不满意	男	比较满意
男	非常满意	女	非常满意	男	比较满意
女	比较满意	男	比较满意	男	一般
男	比较满意	女	非常不满意	女	不满意
女	一般	男	非常不满意	男	不满意
男	一般	男	一般	女	一般

续表

性别	满意度	性别	满意度	性别	满意度
女	不满意	男	非常不满意	男	比较满意
女	非常不满意	女	非常不满意	女	非常满意
女	非常满意	女	比较满意	男	比较满意
男	一般	男	不满意	女	非常不满意
男	比较满意	女	比较满意	女	不满意
女	一般	女	非常不满意	女	一般
女	一般	男	比较满意	男	不满意
女	非常不满意	男	一般	女	比较满意
女	不满意	男	非常满意	女	一般
男	非常不满意	男	非常不满意	女	比较满意
女	不满意	女	一般	女	不满意
男	比较满意	女	比较满意	男	不满意
女	非常满意	男	非常满意	女	非常满意

（1）分别生成被调查者性别和满意度的简单频数分布表。

（2）生成被调查者性别和满意度的二维列联表。

（3）对二维列联表做简单分析。

3. 为确定灯泡的使用寿命，在一批灯泡中随机抽取100只进行测试，得到的使用寿命数据如下（单位：小时）。

7 000	7 160	7 280	7 190	6 850	7 090	6 910	6 840	7 050	7 180
7 060	7 150	7 120	7 220	6 910	7 080	6 900	6 920	7 070	7 010
7 080	7 290	6 940	6 810	6 950	6 850	7 060	6 610	7 350	6 650
6 680	7 100	6 930	6 970	6 740	6 580	6 980	6 660	6 960	6 980
7 060	6 920	6 910	7 470	6 990	6 820	6 980	7 000	7 100	7 220
6 940	6 900	7 360	6 890	6 960	6 510	6 730	7 490	7 080	7 270
6 880	6 890	6 830	6 850	7 020	7 410	6 980	7 130	6 760	7 020
7 010	6 710	7 180	7 070	6 830	7 170	7 330	7 120	6 830	6 920
6 930	6 970	6 640	6 810	7 210	7 200	6 770	6 790	6 950	6 910
7 130	6 990	7 250	7 260	7 040	7 290	7 030	6 960	7 170	6 880

选择适当的组距进行分组，制作频数分布表，分析数据分布的特征。

4. 下表是我国31个地区的名称和编号，随机抽取5个地区组成的一个样本。

编号	地区	编号	地区
1	北京市	17	湖北省
2	天津市	18	湖南省
3	河北省	19	广东省
4	山西省	20	广西壮族自治区
5	内蒙古自治区	21	海南省
6	辽宁省	22	重庆市
7	吉林省	23	四川省
8	黑龙江省	24	贵州省
9	上海市	25	云南省
10	江苏省	26	西藏自治区
11	浙江省	27	陕西省
12	安徽省	28	甘肃省
13	福建省	29	青海省
14	江西省	30	宁夏回族自治区
15	山东省	31	新疆维吾尔自治区
16	河南省		

5. 使用 R 产生以下随机数：

（1）均值为 0、标准差为 1 的 20 个标准正态分布的随机数。

（2）均值为 100、标准差为 20 的 30 个正态分布的随机数。

（3）1 ~ 1 000 之间的 50 个均匀分布的随机数。

6. 下表是按收入五等分划分的某地区城镇居民平均每人纯收入数据（单位：元）。

收入户等级	2016 年	2018 年	2019 年	2020 年	2021 年
低收入户	3 750	4 647	6 545	8 004	10 422
中等偏下户	7 338	9 330	12 674	17 024	21 636
中等收入户	10 508	13 506	18 277	24 832	31 685
中等偏上户	14 823	19 404	26 044	35 576	45 639
高收入户	28 225	36 957	49 175	67 132	85 541

（1）在 R 中录入上表数据，并保存成名为 mydata 的 csv 格式文件。

（2）将收入户等级转化成有序因子。

（3）将上述数据转化成矩阵。

（4）将上述数据转化成长格式。

第3章 数据可视化分析

学习目标

- 掌握R语言绘图的基本知识。
- 掌握各可视化图形的应用场合。
- 使用R绘制各种图形。
- 利用图形分析数据并能对结果进行合理解释。

课程思政目标

- 数据可视化是利用图形展示数据的有效方法。在可视化分析中，要能够结合各类统计图表展示我国宏观经济数据，展示科学研究成果和人民生活的变化，展示中国特色社会主义建设的成就。
- 利用数据分布、变量间关系和样本相似性的图形，反映我国社会经济发展的公平性特征，反映社会和经济变量之间的协调性特征，反映我国各地经济和社会发展均衡性特征。
- 图形的使用要科学合理，避免图形的不合理使用歪曲数据。

在对数据做描述性分析时，通常会用到各种图形来展示数据。一张好的统计图表往往胜过冗长的文字表述。比如，对企业所有员工的收入画出直方图观察其分布状况，画出各年度GDP（国内生产总值）的时间序列图来观察变化趋势，等等。将数据用图形展示出来就是**数据可视化**（data visualization）。数据可视化是数据分析的基础，也是数据分析的重要组成部分。可视化本身既是对数据的展示过程，也是对数据信息的再提取过程，它不仅可以帮助我们理解数据，探索数据的特征和模式，还可以提供数据本身难以发现的额外信息。本章首先介绍R语言绘制的基本知识，然后以数据类型和分析目的为基础，介绍数据分析中一些基本的图形。

3.1 R语言绘图基础

R 语言具有强大的可视化功能，可绘制式样繁多的图形，其中包括 base 和 grid 两大底层绘图系统。很多绘图包都是基于这两大底层绘图系统开发的，如基于 grid 开发的 ggplot 包。R 的所有图形均可由相应的函数绘制，这些函数通常来自不同的包，其中部分来自 R 基础安装时自带的 graphics 绘图包，有些则来自其他包。限于篇幅，本节主要介绍 graphics 包的基本绘图函数及其使用方法。

3.1.1 基本绘图函数

graphics 包也称为传统绘图系统，一些基本绘图函数均由该包提供。在最初安装 R 软件时，该包就已经安装在 R 中，其中的绘图函数可以直接使用而不必加载 graphics 包。

graphics 包中的绘图函数大致可分为两大类：一类是高级绘图函数，这类函数可以产生一幅独立的图形；另一类是低级绘图函数，这类函数通常不产生独立的图形，而是在高级函数产生的图形上添加一些新的图形元素，如标题、文本注释、线段等。

plot 函数是 graphics 包中最重要的高级绘图函数，它是一个泛函数，可以绘制多种图形。给函数传递不同类型的数据，可绘制不同的图形。除 plot 函数外，graphics 包中还有其他一些高级绘图函数，如绘制条形图的 barplot 函数，绘制直方图的 hist 函数，绘制箱形图的 boxplot 函数，等等。低级绘图函数中，有为图形添加图例的 legend 函数，进行页面布局的 layout 函数，为图形添加注释文本的 mtext 函数，等等。这些函数的详细信息可使用 help(函数名) 查阅帮助。

下面通过一个例子简要说明 plot 函数和一些低级绘图函数的使用方法，如代码框 3 - 1 所示。

代码框 3 - 1　plot 函数和一些低级绘图函数的使用

```
# 图 3-1 的绘制代码
> par(mai=c(0.6,0.6,0.4,0.4),cex=0.7)                # 设置图形边距和图中符号的大小
> set.seed(2025)                                      # 设置随机数种子
> x <- rnorm(200)                                     # 产生 200 个标准正态分布的随机数
> y <- 1+2*x +rnorm(200)                              # 产生变量 y 的随机数
> d<-data.frame(x,y)                                  # 将数据组织成数据框 d
> plot(d,xlab="x= 自变量 ",ylab="y= 因变量 ")          # 绘制散点图
> grid(col="grey60")                                  # 添加网格线
> axis(side=4,col.ticks="blue",lty=1)                 # 添加坐标轴
> polygon(d[chull(d),],lty=6,lwd=1,col="lightgreen")  # 添加多边形并填充底色
> points(d)                                           # 重新绘制散点图
> points(mean(x),mean(y),pch=19,cex=5,col=2)          # 添加均值点
> abline(v=mean(x),h=mean(y),lty=2,col="gray30")      # 添加均值水平线和垂直线
```

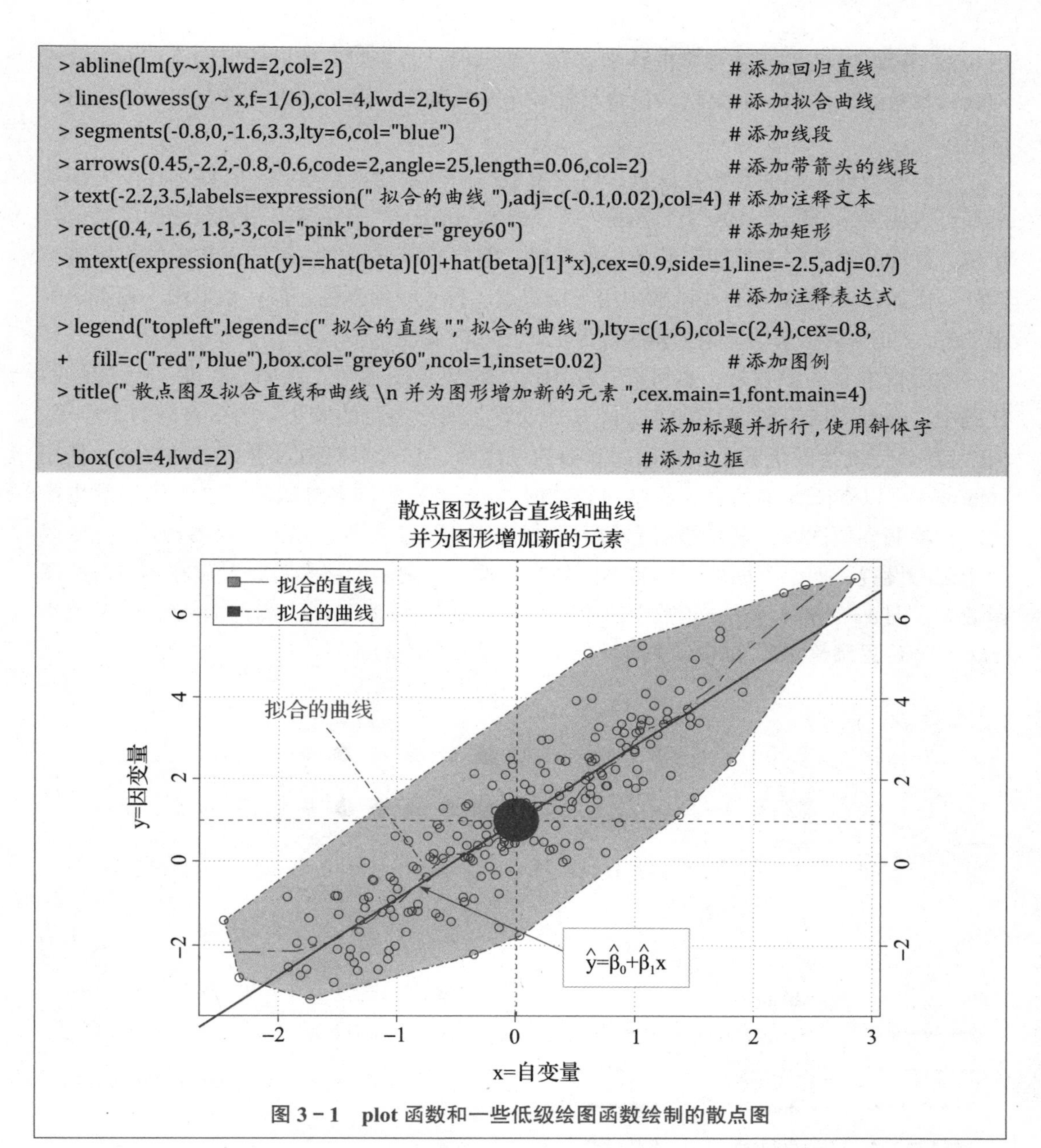

```
> abline(lm(y~x),lwd=2,col=2)                                         # 添加回归直线
> lines(lowess(y ~ x,f=1/6),col=4,lwd=2,lty=6)                        # 添加拟合曲线
> segments(-0.8,0,-1.6,3.3,lty=6,col="blue")                          # 添加线段
> arrows(0.45,-2.2,-0.8,-0.6,code=2,angle=25,length=0.06,col=2)       # 添加带箭头的线段
> text(-2.2,3.5,labels=expression(" 拟合的曲线 "),adj=c(-0.1,0.02),col=4) # 添加注释文本
> rect(0.4, -1.6, 1.8,-3,col="pink",border="grey60")                  # 添加矩形
> mtext(expression(hat(y)==hat(beta)[0]+hat(beta)[1]*x),cex=0.9,side=1,line=-2.5,adj=0.7)
                                                                      # 添加注释表达式
> legend("topleft",legend=c(" 拟合的直线 "," 拟合的曲线 "),lty=c(1,6),col=c(2,4),cex=0.8,
+    fill=c("red","blue"),box.col="grey60",ncol=1,inset=0.02)         # 添加图例
> title(" 散点图及拟合直线和曲线 \n 并为图形增加新的元素 ",cex.main=1,font.main=4)
                                                       # 添加标题并折行，使用斜体字
> box(col=4,lwd=2)                                     # 添加边框
```


图 3－1　plot 函数和一些低级绘图函数绘制的散点图

图 3－1 是用高级绘图函数 plot 绘制的 x 和 y 散点图，然后用低级绘图函数为散点图添加多种新的元素，以增强图形的可读性。这里只是演示在现有图形上添加新元素的方法，在实际应用时，可根据需要选择要添加的元素。

彩图 3－1

3.1.2 图形参数和页面布局

1. 图形参数

R 的每个绘图函数都有多个参数，图形的输出是由这些参数控制的。使用者可以

用 help(函数名) 查阅函数参数的详细解释。绘图时，若不对参数做任何修改，则函数使用默认参数绘制图形。如果默认设置不能满足个人需要，可对其进行修改，以改善图形输出。

不同函数有不同的参数及设置，有些参数属于函数的特定参数，有些则在不同函数中都可以使用，比如，xlab=""，ylab=""，col=""，main="" 等在条形图和箱形图中都可以使用，这样的参数属于绘图函数的标准参数。但有的标准参数在不同函数中的作用是不同的，比如，col 参数在有些函数中用于设置点、符号等的颜色，但在条形图、箱形图等函数中，col 参数用来填充条、箱子的颜色，使用时要注意。

除函数本身的参数外，也可以在绘图前先设置绘图参数。比如，在图 3－1 的绘制代码中，par(mai=c(0.6,0.6,0.4,0.4),cex=0.7) 设置了图形边距的大小、图中符号的大小等。par 函数是传统绘图函数中最常用的参数控制函数，它可以对图形进行多种控制。使用 help(par) 可以查阅详细信息。绘制一幅图时，par 函数的许多参数均可在绘图函数中设置。在绘制多幅图时，若希望所有的图形都使用相同的参数，则可以将参数放在 par 函数中统一设置，如果不同的图形有不同的参数设置，则需要将参数设置放在相应的绘图函数中。图 3－2 展示了 par 函数中的绘图符号（pch）、线型（lty）、线宽（lwd）、点的大小（pt.cex）、位置调整参数（adj）、主要颜色（col）及其对应的数字。

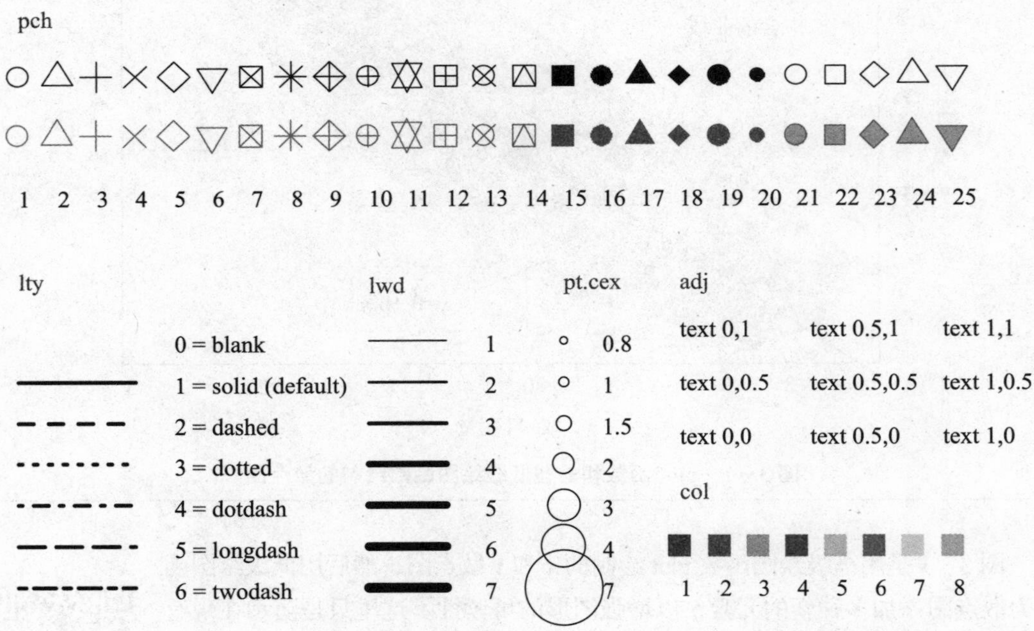

图 3－2　par 函数的部分参数及其对应的数字

彩图 3－2

2. 页面布局

一个绘图函数通常生成一幅独立的图形。有时需要在一个绘图区域（图形页面）内同时绘制多幅不同的图。R 软件有不同的页面分割方法和图形组合方法。本节主要介绍 graphics 包的页面分割方法。

（1）用par函数布局页面。

par函数中的参数mfrow或mfcol可以将一个绘图页面分割成*nr*×*nc*的矩阵，然后在每个分割的区域填充一幅图。参数mfrow=c(nr,nc)表示按行填充各图，mfcol=c(nr,nc)表示按列填充各图。图3－3显示了两个参数的差异，代码和结果如代码框3－2所示。

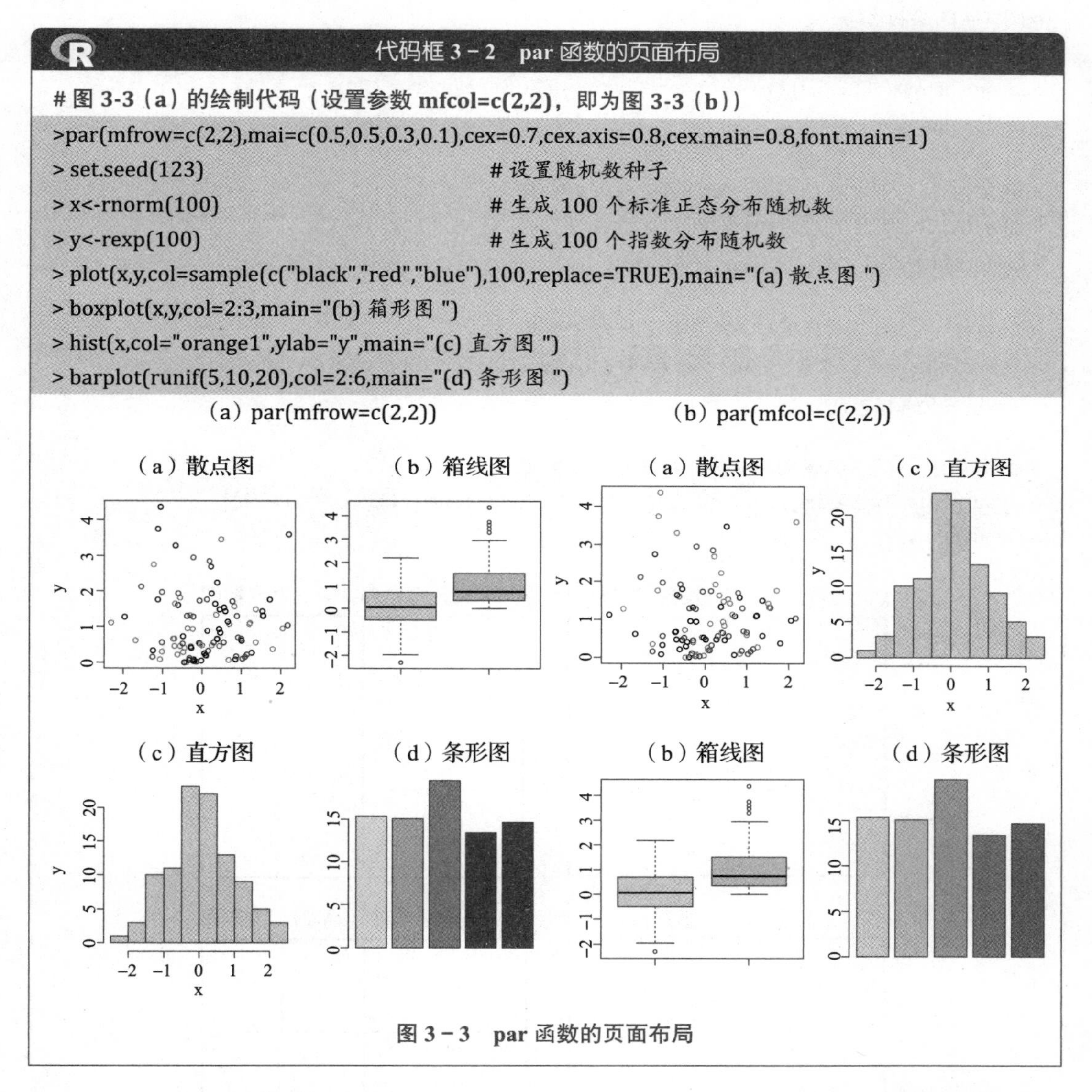

代码框3－2 par函数的页面布局

```
#图3-3（a）的绘制代码（设置参数mfcol=c(2,2)，即为图3-3（b））
>par(mfrow=c(2,2),mai=c(0.5,0.5,0.3,0.1),cex=0.7,cex.axis=0.8,cex.main=0.8,font.main=1)
> set.seed(123)                                   # 设置随机数种子
> x<-rnorm(100)                                   # 生成100个标准正态分布随机数
> y<-rexp(100)                                    # 生成100个指数分布随机数
> plot(x,y,col=sample(c("black","red","blue"),100,replace=TRUE),main="(a) 散点图 ")
> boxplot(x,y,col=2:3,main="(b) 箱形图 ")
> hist(x,col="orange1",ylab="y",main="(c) 直方图 ")
> barplot(runif(5,10,20),col=2:6,main="(d) 条形图 ")
```


图3－3 par函数的页面布局

（2）用layout函数布局页面。

par函数的参数向量c(nr,nc)是将绘图页面的行和列等分成大小相同的区域。有时需要将绘图页面划分成不同大小的区域，以满足不同图形的要求，这时可以使用layout函数来布局。layout函数将绘图区域划分为*nr*行*nc*列的矩阵，并可以设置参数widths和heights将矩阵分割成大小不同的区域。

彩图3－3

使用 layout.show 函数可以预览图形的布局。代码框 3－3 展示了 layout 函数几种不同的页面布局方式。

代码框 3－3　layout 函数的页面布局

```
# 图 3-4 的绘制代码
# 图 3-4(a)：2 行 2 列的图形矩阵，第 2 行为 1 幅图
> layout(matrix(c(1,2,3,3),nrow=2,ncol=2,byrow=TRUE),heights=c(2,1))
> layout.show(3)

# 图 3-4(b)：2 行 2 列的图形矩阵，第 2 列为 1 幅图
> layout(matrix(c(1,2,3,3),nrow=2,ncol=2),heights=c(2,1))
> layout.show(3)

# 图 3-4(c)：2 行 3 列的图形矩阵，第 2 行为 3 幅图
> layout(matrix(c(1,1,1,2,3,4),nrow=2,ncol=3,byrow=TRUE),widths=c(3:1),heights=c(2,1))
> layout.show(4)

# 图 3-4(d)：3 行 3 列的图形矩阵，第 2 行为 2 幅图
> layout(matrix(c(1,2,3,4,5,5,6,7,8),3,3,byrow=TRUE),widths=c(2:1),heights=c(1:1))
> layout.show(8)
```

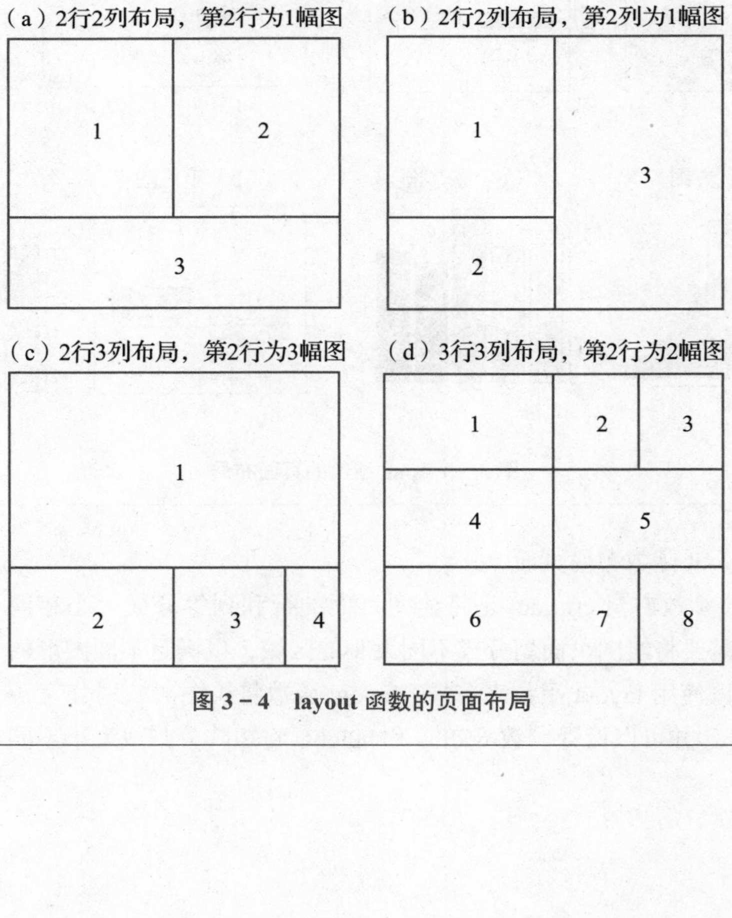

图 3－4　layout 函数的页面布局

3.1.3 图形颜色

图形配色在可视化中十分重要，从某种程度上说，颜色可以作为展示数据的一个特殊维度。R 软件提供了丰富的绘图颜色，绘图时可以使用颜色名称、颜色集合或调色板为图形配色。

1. 颜色名称和颜色集合函数

使用 colors() 函数可以查看 R 软件中全部 657 种颜色的名称。graphics 包设置绘图颜色的参数主要有 3 个：col，bg 和 fg。col 主要用于设置绘图区域中绘制的数据符号、线条、文本等元素的颜色，bg 用于设置图形的背景颜色，fg 用于设置图形的前景颜色。

R 软件的几种主要颜色也可以直接用数字 1~8 表示，比如，1="black"，2="red"，3="green"，4="blue" 等。设置单一颜色时，表示成 col="red"（或 col=2）。设置多个颜色时，则为一个颜色向量，如 col=c("red","green","blue")，或 col=c(2,3,4)，连续的颜色数字也可以写成 col=2:4，这 3 种写法等价。需要填充的颜色多于设置的颜色向量时，颜色会被重复循环使用。比如，要填充 10 个条的颜色，col=c("red","green")，则两种颜色被重复使用。

使用多种颜色时，如果使用 col 设置就非常麻烦，需要很长的颜色名称向量，这时可使用 R 的颜色集合函数。grDevices 包提供了几种颜色的集合函数，如 cm.colors，heat.colors，rainbow，topo.colors 等，读者可使用 help 函数查看其用法。下面通过一个简单的例子来展示这些函数的使用，如代码框 3－4 所示。

代码框 3－4　不同颜色集合函数绘制的条形图

```
# 图 3-5 的绘制代码
>par(mfrow=c(2,3),mai=c(0.3,0.3,0.3,0.1),cex=0.7,mgp=c(1,1,0),cex.axis=0.7,cex.main=1,font.
main=1)
> x<-1:7                                        # 产生 1~7 的等差数列
> names<-LETTERS[1:7]                           # 生成 A~G 的字母标签向量
> barplot(x,names=names,col=rainbow(7),main="col=rainbow()")
>barplot(x,names=names,col=rainbow(7,start=0.4,end=0.5),main="col=rainbow(start=0.4,e
nd=0.5)")
> barplot(x,names=names,col=heat.colors(7),main="col=heat.colors()")
>barplot(x,names=names,col=terrain.colors(7),main="col=terrain.colors()")
> barplot(x,names=names,col=topo.colors(7),main="col=topo.colors()")
> barplot(x,names=names,col=cm.colors(7),main="col=cm.colors()")
```

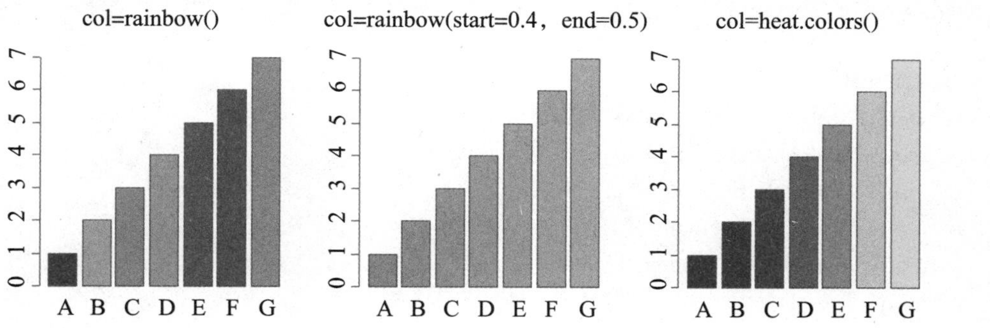

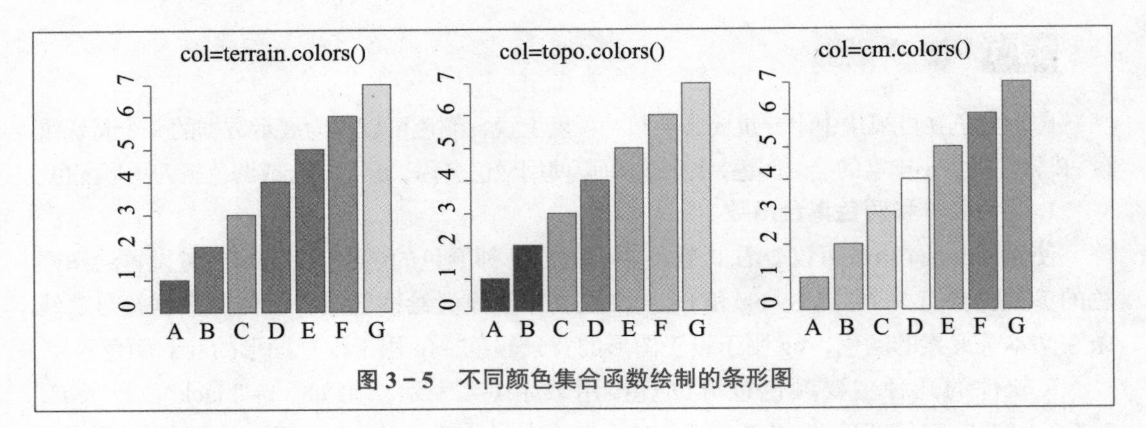

图 3－5　不同颜色集合函数绘制的条形图

彩图 3－5

2. 调色板

如果对颜色有特殊的要求，也可以使用调色板对图形进行配色。使用 RColorBrewer 包中的 display.brewer.all 函数可以查看 R 的调色板，其中包括连续型部分（单色系）、离散型部分（多色系）和极端值部分（双色系）。

使用 brewer.pal 函数可以创建自己的调色板。创建离散型调色板时，在最低的起点数值（为 3）和最高的终点数值之间选择一个数值，即可生成所需颜色数量的调色板。使用 display.brewer.pal 函数可以展示创建的调色板。代码框 3－5 展示了不同调色板绘制的条形图。

代码框 3－5　不同调色板绘制的条形图

```
# 图 3-6 的绘制代码
> library(RColorBrewer)
> par(mfrow=c(2,3),mai=c(0.1,0.3,0.3,0.1),cex=0.6,font.main=1)

# 设置调色板
> palette1<-brewer.pal(7,"Reds")              # 7 种颜色的红色连续型调色板
> palette2<-brewer.pal(7,"Set1")              # 7 种颜色的离散型调色板
> palette3<-brewer.pal(7,"RdBu")              # 7 种颜色的红蓝色极端值调色板
> palette4<-rev(brewer.pal(7,"Greens"))       # 调色板颜色反转
> palette5<-brewer.pal(8,"Spectral")[-1]      # 去掉第 1 种颜色，使用其余 7 种
> palette6<-brewer.pal(6,"RdYlBu")[2:4]       # 使用其中的 2:4 种颜色

# 绘制条形图
> barplot(1:7,col=palette1,main="(a) 红色连续型调色板 ")
> barplot(1:7,col=palette2,main="(b) 离散型调色板 ")
> barplot(1:7,col=palette3,main="(c) 极端值调色板 ")
> barplot(1:7,col=palette4,main="(d) 调色板颜色反转 ")
> barplot(1:7,col=palette5,main="(e) 去掉第 1 种颜色 ")
> barplot(1:7,col=palette6,main="(f) 使用其中的 2:4 种颜色 ")
```

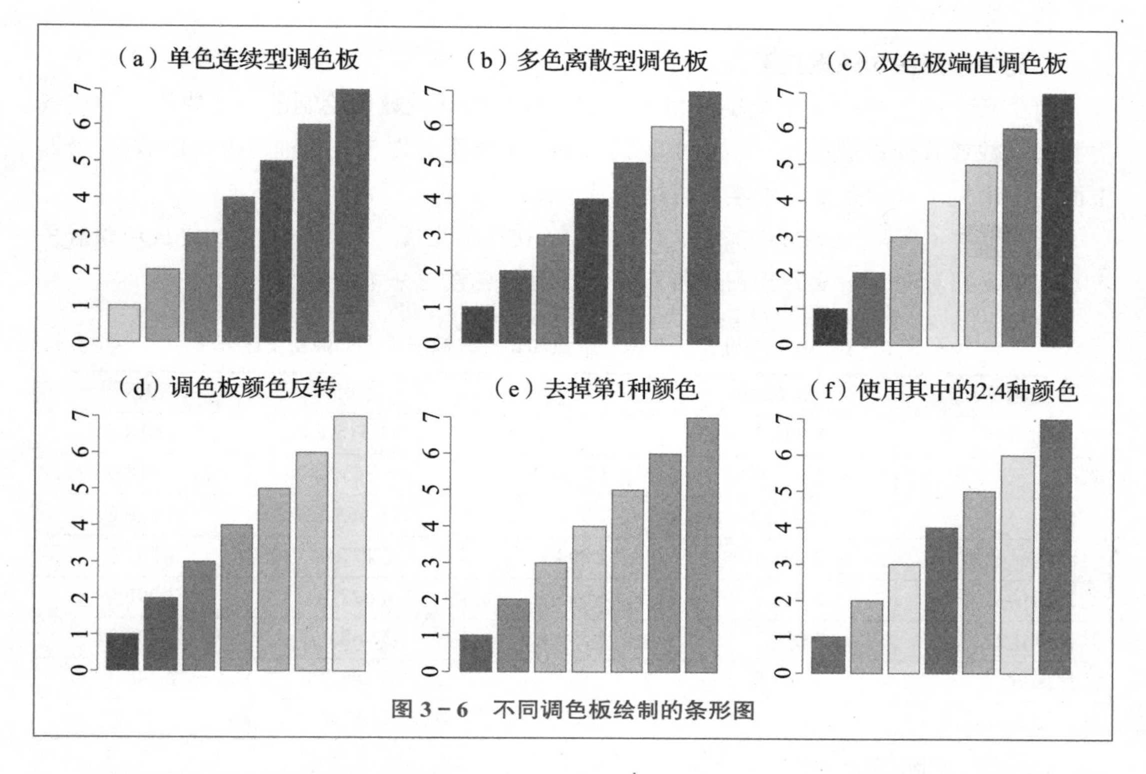

图 3－6　不同调色板绘制的条形图

使用 rev 函数可使调色板的颜色反向排列，比如 rev(brewer.pal(7,"Reds"))，表示颜色由深到浅排列。

3.2 类别数据可视化

对于类别数据，主要是关心各类别的绝对频数及频数百分比等信息；对于具有类别标签的其他数值（如各地区的地区生产总值数据），则主要是关心不同类别上的其他数值的绝对值大小或百分比构成。比如，画出男女人数的条形图，这里的人数就是男或女这两个类别出现的频数；如果画出男女平均收入的条形图，这里的平均收入并不是男或女这两个类别出现的频数，而是与这两个类别对应的其他数值。类别数据可视化的基本图形主要有：展示绝对值大小的条形图，展示百分比构成的饼图，展示层次结构的树状图和旭日图，等等。

彩图 3－6

3.2.1 条形图

条形图（bar chart）是用一定长度和宽度的矩形表示各类别数值多少的图形，主要用于展示类别数据的频数或带有类别标签的其他数值。绘制条形图时，各类别可以放在 x 轴（横轴），也可以放在 y 轴（纵轴）。类别放在 x 轴的条形图称为**垂直条形图**（vertical bar chart）或柱形图，类别放在 y 轴的条形图称为**水平条形图**（horizontal bar chart）。根据绘制的变量多少，条形图有简单条形图、簇状（并列）条形图和堆积（堆叠）条形图等不同形式。

1. 简单条形图和帕累托图

简单条形图是根据一个类别变量各类别的频数或其他数值绘制的，主要用于描述各类别的频数或其他数据的绝对值大小。其中的各个类别可以放在 x 轴，也可以放在 y 轴。下面用一个例子说明条形图的绘制方法及其解读。

例 3－1 （数据：example3_1）表 3－1 是 2020 年北京、天津、上海和重庆城镇居民人均消费支出数据。绘制条形图分析各项支出消费金额的分布状况。

表 3－1　2020 年北京、天津、上海和重庆城镇居民人均消费支出　（单位：元）

支出项目	北京	天津	上海	重庆
食品烟酒	8 751.4	9 122.2	11 515.1	8 618.8
衣着	1 924.0	1 860.4	1 763.5	1 918.0
居住	17 163.1	7 770.0	16 465.1	4 970.8
生活用品及服务	2 306.7	1 804.1	2 177.5	1 897.3
交通通信	3 925.2	4 045.7	4 677.1	3 290.8
教育文化娱乐	3 020.7	2 530.6	3 962.6	2 648.3
医疗保健	3 755.0	2 811.0	3 188.7	2 445.3
其他用品及服务	880.0	950.7	1 089.9	675.1

数据来源：中国国家统计局网站，www.stats.gov.cn。

解 这里涉及 4 个地区和 8 个支出项目，可以对不同地区和不同消费项目分别绘制简单条形图。为节省篇幅，这里只绘制北京各项消费支出和 4 个地区食品烟酒支出的两个条形图。

R 软件中有多个包都提供了绘制条形图的函数。使用基础安装包 graphics 中的 barplot 函数可以绘制条形图，代码和结果如代码框 3－6 所示。

代码框 3－6　绘制简单条形图

```
# 图 3-7 的绘制代码
> df<-read.csv("C:/Rdata//example/chap03/example3_1.csv")
> library(DescTools)                # 加载包，使用其中的 BarText 函数添加数值标签
> par(mfrow=c(2,1),mai=c(0.6,1,0.3,0.1),cex=0.7,cex.main=1.1,font.main=1)
                                    # 设置图形边距、字体大小等

# 图 (a) 北京各项支出的条形图
> b1<-barplot(df$ 北京 ,
+    horiz=TRUE,                                      # 绘制水平条形图
+    xlab=" 支出金额 ",                                # 设置 x 轴标签
+    names=df$ 支出项目 ,las=2,                        # 设置坐标轴刻度标签及风格
+    xlim=c(0,20000),las=1,                           # 设置 x 轴的数值范围
+    col="skyblue",border="blue",                     # 设置条形填充颜色和边线颜色
+    main="(a) 北京各项支出的水平条形图 ")              # 添加标题
>    BarText(df$ 北京 ,b=b1,horiz=TRUE,cex=1,col="black")   # 添加数值标签
```

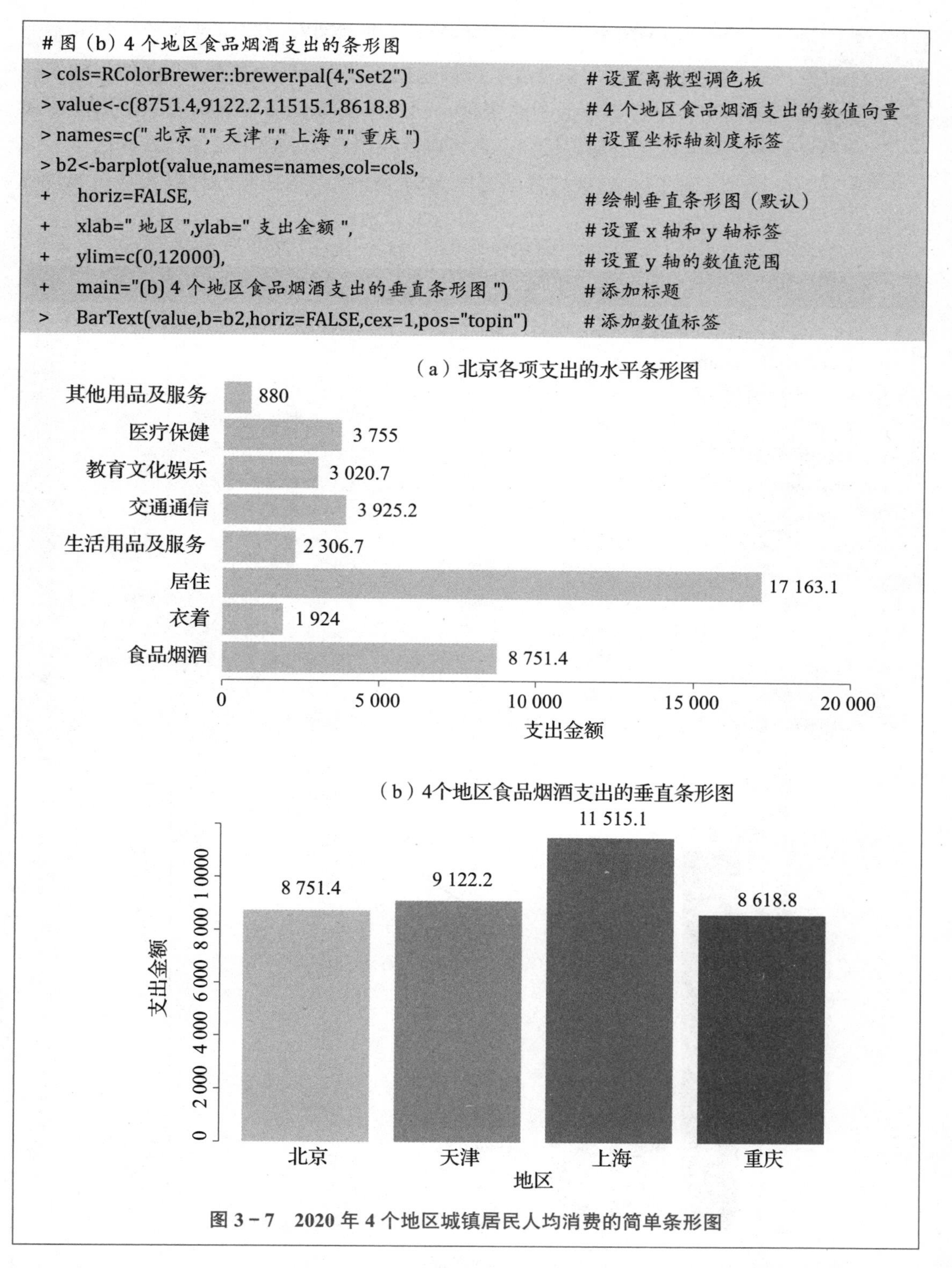

```
#图（b）4个地区食品烟酒支出的条形图
> cols=RColorBrewer::brewer.pal(4,"Set2")                 #设置离散型调色板
> value<-c(8751.4,9122.2,11515.1,8618.8)                  #4个地区食品烟酒支出的数值向量
> names=c("北京","天津","上海","重庆")                    #设置坐标轴刻度标签
> b2<-barplot(value,names=names,col=cols,
+    horiz=FALSE,                                         #绘制垂直条形图（默认）
+    xlab="地区",ylab="支出金额",                          #设置x轴和y轴标签
+    ylim=c(0,12000),                                     #设置y轴的数值范围
+    main="(b) 4个地区食品烟酒支出的垂直条形图")            #添加标题
>    BarText(value,b=b2,horiz=FALSE,cex=1,pos="topin")    #添加数值标签
```


图 3－7　2020 年 4 个地区城镇居民人均消费的简单条形图

图 3－7（a）显示，北京的各项支出中，居住支出最多，其他用品及服务支出最少。图 3－7（b）显示，在食品烟酒中，上海的支出最多，重庆支出最少。

彩图 3－7

帕累托图（Pareto plot）就是将各类别的数值降序排列后绘制的条形图，该图是以意大利经济学家帕累托（V. Pareto）的名字命名的。帕累托图可以看作简单条形图的变种，利用该图很容易看出哪类数据出现得最多，哪类数据出现得最少，还可以反映出各类别数据的累计百分比。

以例 3－1 北京的各项支出为例，绘制帕累托图的代码和结果如代码框 3－7 所示。

代码框 3－7　绘制帕累托图

```
# 图 3-8 的绘制代码（北京各项支出的帕累托图）
> df<-read.csv("C:/Rdata//example/chap03/example3_1.csv")
> par(mai=c(0.7,0.7,0.2,0.7),cex=0.7)
> x<-sort(df$ 北京 ,decreasing=TRUE)                                    # 将支出金额降序排列
> palette<-rev(RColorBrewer::brewer.pal(8,"Blues"))                    # 设置连续型调色板
> bar<-barplot(x,xlab=" 支出项目 ",ylab=" 支出金额 ",col=palette,     # 绘制条形图
+    ylim=c(0,1.2*max(x)))                                             # 设置 y 轴数值范围
> text(bar,x,labels=x,pos=3,col="black")                               # 为条形图添加数值标签
> y<-cumsum(x)/sum(x)                                                  # 计算累积值
> par(new=T)                                                           # 绘制一幅新图加在现有图形上
> plot(y,type="b",pch=15,axes=FALSE,xlab='',ylab='',main='')           # 绘制累积频数折线
> axis(side=4)                                                         # 在第 4 个边增加坐标轴
> mtext(" 累积频率 ",side=4,line=3,cex=0.8)                            # 添加坐标轴标签
> text(labels=" 累积分布曲线 ",x=4.5,y=0.91,cex=1)                     # 添加注释文本
```

图 3－8　2020 年北京城镇居民人均消费支出的帕累托图

2. 簇状条形图和堆积条形图

彩图 3－8

简单条形图只展示一个类别变量的信息，对于多个类别变量，如果将各变量的各类别绘制在一张图里，不仅节省空间，也便于比较。根据两个类别变量绘制条形图时，由于绘制方式的不同，有**簇状条形图**（cluster bar chart）和**堆积条形图**（stacked bar chart），这类图形主要用于比较各类别的绝对值。在簇状条形图中，一个类别变量作为坐标轴，另一个类别变量各类别频数的条形并列摆放；在堆积条形图中，一个类别变量作为坐标轴，另一个类别变量各类别的频数按比例堆叠在同一个条中。

以例 3－1 的数据为例，绘制簇状条形图和堆积条形图的代码和结果如代码框 3－8 所示。

图 3－9（a）为簇状条形图，每一个消费项目中的不同条表示不同的地区，条的长度表示支出金额的多少。图 3－9（b）为堆积条形图，每个条的高度表示不同地区支出金额的多少，条中所积的矩形大小与该地区的各项支出金额成正比。

代码框 3－8 绘制簇状条形图和堆积条形图

```
# 图 3-9 的绘制代码
> df<-read.csv("C:/Rdata//example/chap03/example3_1.csv")
> mat<-as.matrix(df[,2:5])          # 将数据框 df 中的第 2~5 列转换成矩阵 mat
> rownames(mat)=df[,1]              # 矩阵的行名为 df 第 1 列的名称

# 图（a）4 个地区各项支出的水平簇状条形图
> par(mfrow=c(2,1),mai=c(0.6,1,0.3,0.1),cex=0.7,cex.main=1.1,font.main=1)
> cols=RColorBrewer::brewer.pal(4,"Set2")                # 设置离散型调色板
> barplot(t(mat),col=cols,
+   horiz=TRUE,beside=TRUE,                              # 绘制水平簇状条形图
+   xlab=" 支出金额 ",
+   names=df$ 支出项目 ,las=2,                            # 设置坐标轴刻度标签及风格
+   xlim=c(0,20000),las=1,
+   main="(a) 4 个地区各项支出的水平簇状条形图 ",
+   legend=rownames(t(mat)),args.legend=list(x=15000,y=38,ncol=1,cex=0.8,box.col="grey80"))
                                                         # 添加图例

# 图（b）4 个地区各项支出的垂直堆积条形图
> cols=rev(RColorBrewer::brewer.pal(8,"Reds"))           # 设置连续型调色板
> barplot(mat,col=cols,
+   horiz=FALSE,beside=FALSE,                            # 绘制垂直堆积条形图
+   xlab=" 地区 ",ylab=" 支出金额 ",
+   main="(b) 4 个地区各项支出的垂直堆积条形图 ",
+   legend=rownames(mat),args.legend=list(x=4.8,y=45000,ncol=1,cex=0.7,box.col="grey80"))
```

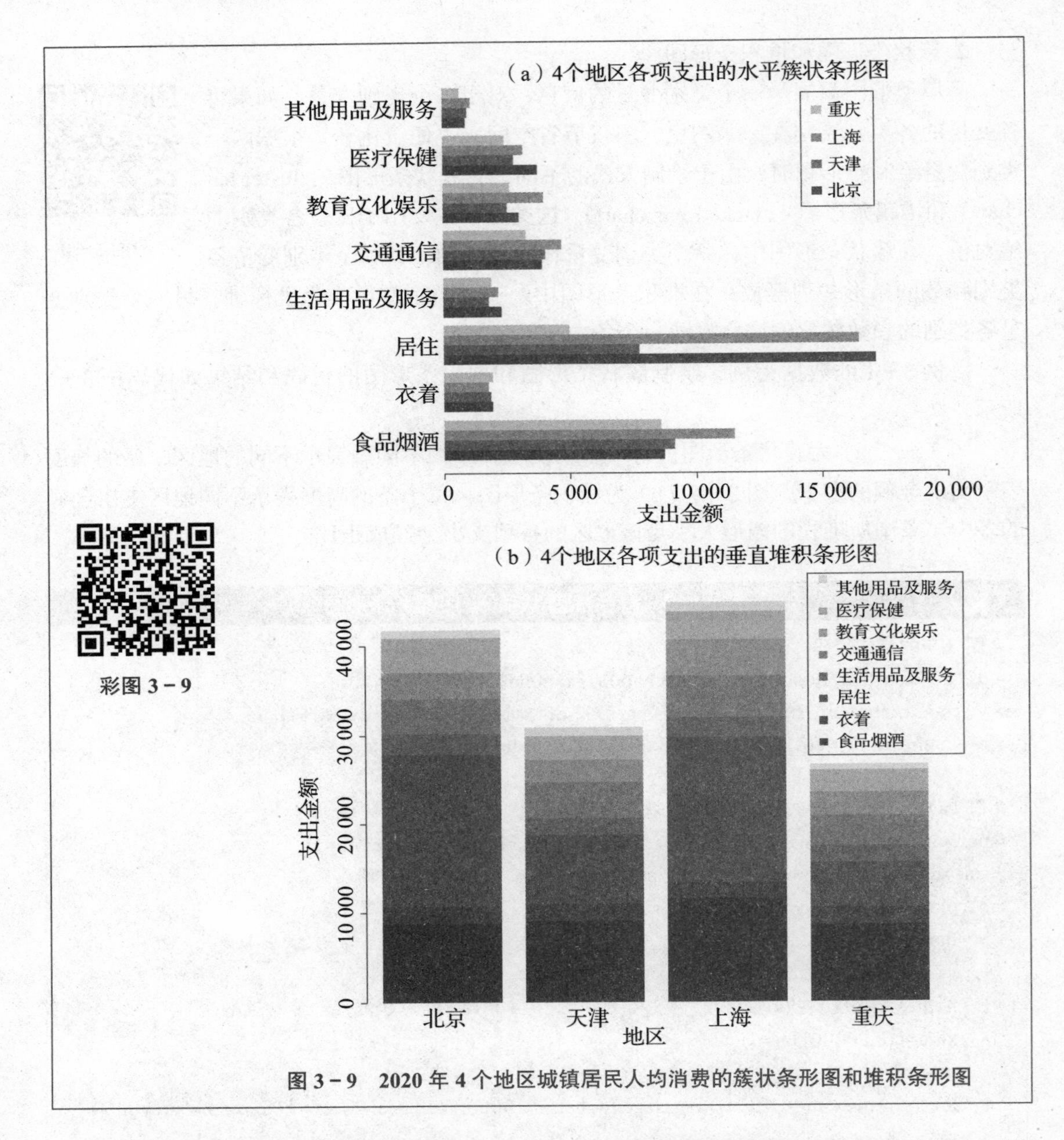

图 3－9　2020 年 4 个地区城镇居民人均消费的簇状条形图和堆积条形图

如果要比较各类别构成的百分比，也可以将堆积条形图绘制成百分比条形图。百分比条形可以看作是堆积条形图的变种，图中每个条的高度均为 100%，条内矩形的大小取决于各地区支出金额构成的百分比。

以例 3－1 各地区的支出为例，绘制百分比条形图的代码和结果如代码框 3－9 所示。

代码框 3－9　绘制百分比条形图

```
# 图 3-10 的绘制代码
> df<-read.csv("C:/Rdata//example/chap03/example3_1.csv")
> library(DescTools)
```

```
#计算各项支出占该地区总支出的百分比
> p1<-df$北京/sum(df$北京)*100
> p2<-df$天津/sum(df$天津)*100
> p3<-df$上海/sum(df$上海)*100
> p4<-df$重庆/sum(df$重庆)*100

#组织成数据框并转化成矩阵
> pd<-data.frame(支出项目=df[,1],北京=p1,天津=p2,上海=p3,重庆=p4)
> mat<-as.matrix(pd[,2:5])          #将数据框pd中的第2~5列转换成矩阵mat
> rownames(mat)=pd[,1]              #矩阵的行名为pd第1列的名称

#绘制堆积条形图
> par(mai=c(0.7,0.7,0.6,0.2),cex=0.8,cex.main=1.1,font.main=1)
> cols=rev(RColorBrewer::brewer.pal(8,"Set1"))         #设置离散型调色板
> b1<-barplot(mat,col=cols,
+   xlab="地区",ylab="支出百分比",main="",
+   legend=rownames(mat),args.legend=list(x=4.8,y=115,ncol=4,cex=0.8,box.col="grey80"))
>   BarText(round(mat,2),b=b1,horiz=FALSE,cex=0.7,pos="mid")
```

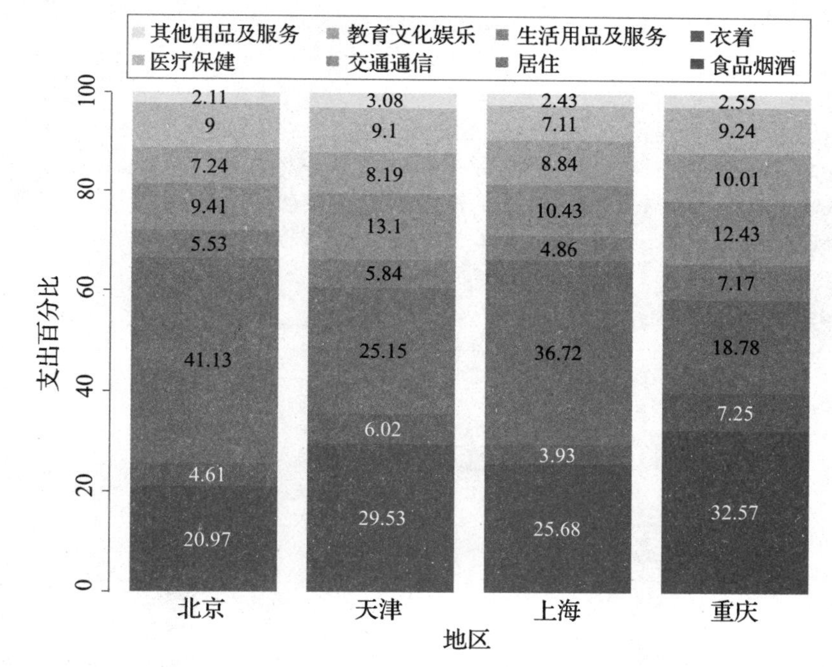

彩图 3－10

图 3－10　2020 年北京、天津、上海和重庆城镇居民人均消费支出的百分比条形图

3.2.2 瀑布图和漏斗图

瀑布图和漏斗图可以看作是简单条形图的变种形式。

瀑布图（waterfall chart）是由麦肯锡顾问公司独创的一种图形，因为形似瀑布流水而得名。瀑布图与条形图十分形似，区别是条形图不反映局部与整体的关系，而瀑布图可以显示多个子类对总和的贡献，从而展示局部与整体的关系。比如，各个产业的增加值对国内生产总值（GDP）的贡献，不同地区的销售额对总销售额的贡献，等等。

使用waterfall包中的waterfallchart函数可以绘制瀑布图，其代码简单，但不易对图形进行修改和美化。waterfalls包中的waterfall函数包含了多个参数，可以满足绘制瀑布图的多种要求。如果还想进一步美化图形，可以结合使用ggplot2包中的其他函数。以例3－1北京的各项支出为例，使用waterfall函数绘制瀑布图的代码和结果如代码框3－10所示。

代码框3－10　绘制瀑布图

```
# 图 3-11 的绘制代码
> example3_1<-read.csv("C:/Rdata//example/chap03/example3_1.csv")
> df<-data.frame( 支出项目 =example3_1$ 支出项目 , 支出金额 =example3_1$ 北京 )
                                                # 选择北京的数据，并将北京命名为支出金额
> library(waterfalls)
> palette<-RColorBrewer::brewer.pal(8,"Set3")    # 设置调色板
> waterfall(.data=df,
+     rect_text_labels=paste(df$ 支出金额 ),        # 设置矩形标签
+     fill_colours=palette,                      # 设置各矩形颜色
+     calc_total=TRUE,total_rect_color="pink",   # 显示总和矩形并设置其颜色
+     total_rect_text = paste(' 总支出 ','\n',sum(df$ 支出金额 )), # 设置总和矩形的文本标签
+     total_rect_text_color="black",             # 设置总和文本标签的颜色
+     rect_border="grey50",                      # 设置矩形边框颜色
+     fill_by_sign=FALSE)+                       # 设置正值和负值的颜色是否相同
+     theme_bw()+                                # 去掉图形底色
+     theme(panel.grid=element_blank())          # 去掉网格线
```

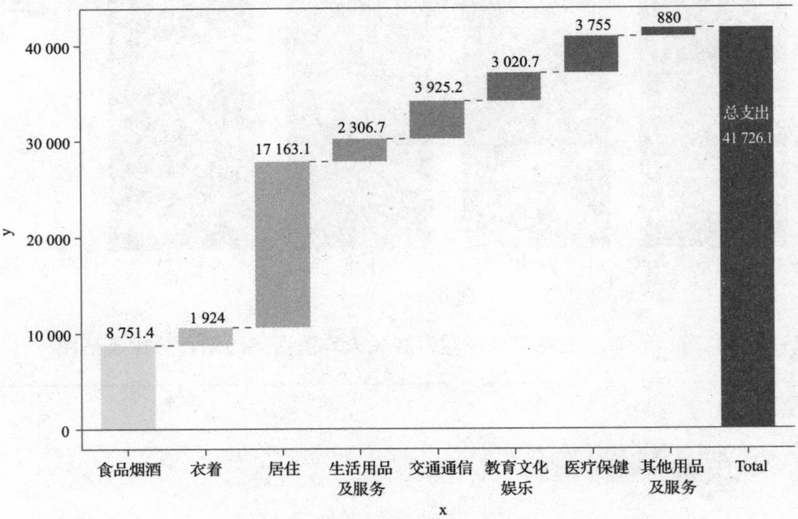

图3－11　2020年北京城镇居民人均消费支出的瀑布图

图 3－11 中，各条形的高度与相应的各项支出金额成正比，最后一个条是各项支出的合计数，其高度是各子类条的高度总和。

彩图 3－11

漏斗图（funnel plot）因形状类似漏斗而得名，它是将各类别数值降序排列后绘制的水平条形图。漏斗图适合于展示数据逐步减少的现象，比如，生产成本逐年减少等。

以例 3－1 北京的各项支出为例，绘制漏斗图的代码和结果如代码框 3－11 所示。

代码框 3－11 绘制漏斗图

```
# 图 3-12 的绘制代码
> example3_1<-read.csv("C:/Rdata//example/chap03/example3_1.csv")
> df<-example3_1[order(example3_1$北京,decreasing=FALSE),]                      # 数据升序排列
> par(mai=c(0.1,0.3,0.1,0.3),cex=0.8,font.main=1)

> barplot(df$北京,horiz=T,axes=F,border=F,col="steelblue",
+    space=0.1,xlim=c(-17200,17200))                                            # 绘制条形图
> barplot(-df$北京,horiz=T,axes=F,border=F,col="steelblue",
+    space=0.1,xlim=c(-17200,17200),add=T)                                      # 绘制条形图
> text(x=rep(-14000,8),y=seq(1,8,length.out=8),labels=df$支出项目,cex=0.9)      # 添加类别标签
> text(x=rep(0,8),y=seq(1,8,length.out=8),labels=df$北京,cex=0.8,col="white")   # 添加数值标签
```


图 3－12　2020 年北京城镇居民人均消费支出的漏斗图

图 3－12 展示了各项支出由多到少的变化。

3.2.3 饼图和环形图

展示样本（或总体）中各类别数值占总数值比例的图形主要有饼图。饼图的变种形式有环形图等。

1. 饼图

条形图主要是用于展示各类别数值的绝对值大小，要想观察各类别数值占所有类别总和的百分比，则需要绘制饼图。

饼图（pie chart）是用圆形及圆内扇形的角度来表示一个样本（或总体）中各类别的数值占总和比例大小的图形，对于研究结构性问题十分有用。例如，根据表 3－1 中的数据可以绘制多个饼图，反映不同地区各项消费支出的构成或不同消费项目各地区的支出构成。

以例 3－1 中北京和上海的各项支出为例，绘制饼图的代码和结果如代码框 3－12 所示。

代码框 3－12　绘制饼图

```
# 图 3-13 和图 3-14 的绘制代码
> df<-read.csv("C:/Rdata//example/chap03/example3_1.csv")

# 图 3-13：普通饼图
> p1<-round(df$ 北京 /sum(df$ 北京 )*100,2)
                          # 计算北京各项支出占北京总支出的百分比，结果变量 2 位小数
> names<-df$ 支出项目                                # 设置名称向量
> labs<-paste(names," ",p1,"%",sep="")              # 设置标签向量
> pie(p1,labels=labs,
  +   init.angle=90,                                # 初始角度为 90
  +   radius=1,                                     # 圆的半径为 1
  +   main="")                                      # 不显示主标题
```

其他用品及服务 2.11%
医疗保健 9%
教育文化娱乐 7.24%
交通通信9.41%
生活用品及服务5.53%
居住41.13%
衣着4.61%
食品烟酒20.97%

彩图 3－13

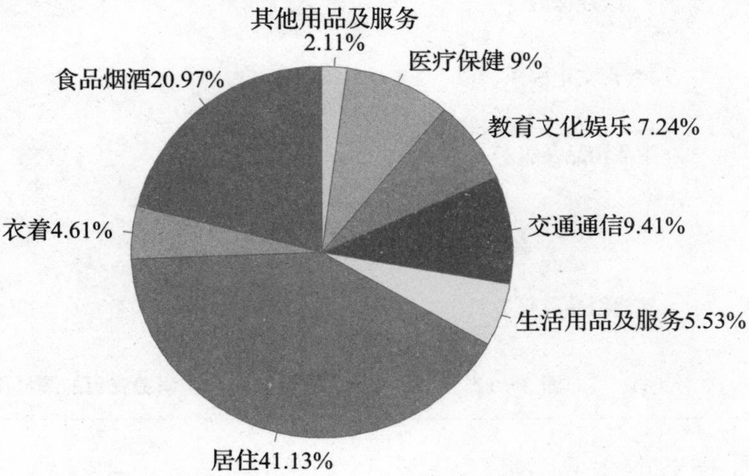

图 3－13　2020 年北京城镇居民人均消费支出的饼图

```
# 图 3-14：3D 饼图
> library(plotrix)
> library(RColorBrewer)
> p2<-round(df$ 上海 /sum(df$ 上海 )*100,2)          # 计算上海各项支出占上海总支出的百分比
> labs<-paste(names," ",p2,"%",sep="")              # 设置标签向量
> pie3D(p2,labels=labs,explode=0,labelcex=0.7,col=brewer.pal(8,"Set3"),main="")
```

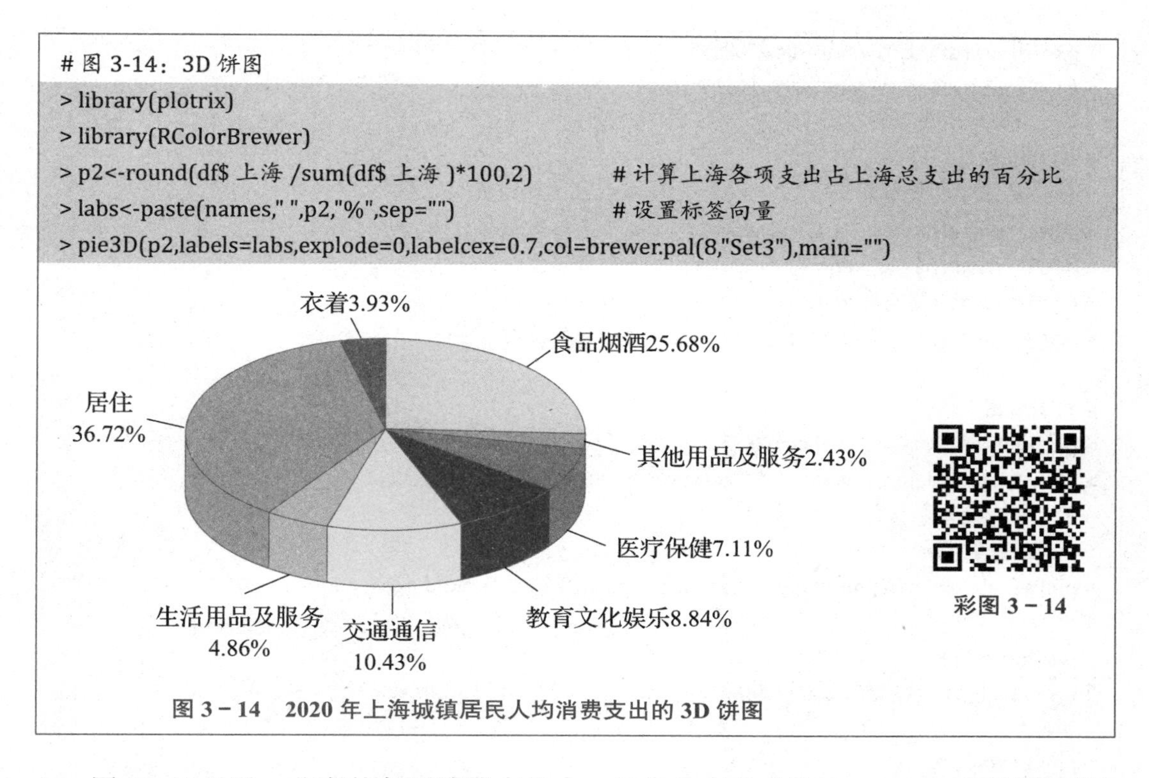

图 3－14　2020 年上海城镇居民人均消费支出的 3D 饼图

图 3－13 显示，北京的各项消费支出中，居住的支出占比达 41.13%，而其他用品及服务的支出仅占 2.11%。图 3－14 显示，上海的各项消费支出中，居住的支出占比达 36.72%，而其他用品及服务的支出仅占 2.43%。

2. 环形图

饼图只能展示一个样本各类别数值所占的比例。比如，在例 3－1 中，如果要比较 4 个地区不同消费支出的构成，则需要绘制 4 个饼图，这种做法既不经济也不便于比较。能否用一个图形比较出 4 个地区不同消费支出构成呢？把饼图叠在一起，挖去中间的部分就可以了，这就是**环形图**（doughnut chart）。

环形图与饼图类似，但又有区别。环形图中间有一个“空洞”，每个样本用一个环来表示，样本中每一类别的数值构成用环中的一段表示。因此，环形图可展示多个样本各类别数值占其相应总和的比例，从而有利于构成的比较研究。

以例 3－1 中 4 个地区的各项支出为例，绘制环形图的代码和结果如代码框 3－13 所示。

代码框 3－13　绘制环形图

```
# 图 3-15 的绘制代码
> df<-read.csv("C:/Rdata//example/chap03/example3_1.csv")

# 计算各项支出占该地区总支出的百分比
> p1<-round(df$ 北京 /sum(df$ 北京 )*100,1)
> p2<-round(df$ 天津 /sum(df$ 天津 )*100,1)
```

```
> p3<-round(df$ 上海 /sum(df$ 上海 )*100,1)
> p4<-round(df$ 重庆 /sum(df$ 重庆 )*100,1)

# 设置标签
> names<-df$ 支出项目                        # 设置名称向量
> labs1<-paste(names," ",p1,"%",sep="")      # 设置标签向量
> labs2<-paste(p2,"%",sep="")                # 设置标签向量
> labs3<-paste(p3,"%",sep="")                # 设置标签向量
> labs4<-paste(p4,"%",sep="")                # 设置标签向量

# 绘制饼图
> par(mai=c(0.2,0.4,0.2,0.4),cex=0.7)
> pie(p1,labels=labs1,init.angle=90,col=brewer.pal(8,"Set3"),radius=1)

> par(new=T)
> pie(p2,labeis=labs2,init.angle=90,col=brewer.pal(8,"Set3"),radius=0.8, edges = 400)

> par(new=T)
> pie(p3,labels=labs3,init.angle=90,col=brewer.pal(8,"Set3"),radius=0.6)

> par(new=T)
> pie(p4,labels=labs4,init.angle=90,col=brewer.pal(8,"Set3"),radius=0.4)

> par(new=T)
> pie(1,labels="",init.angle=90,radius=.2,border="white",col="white")
```

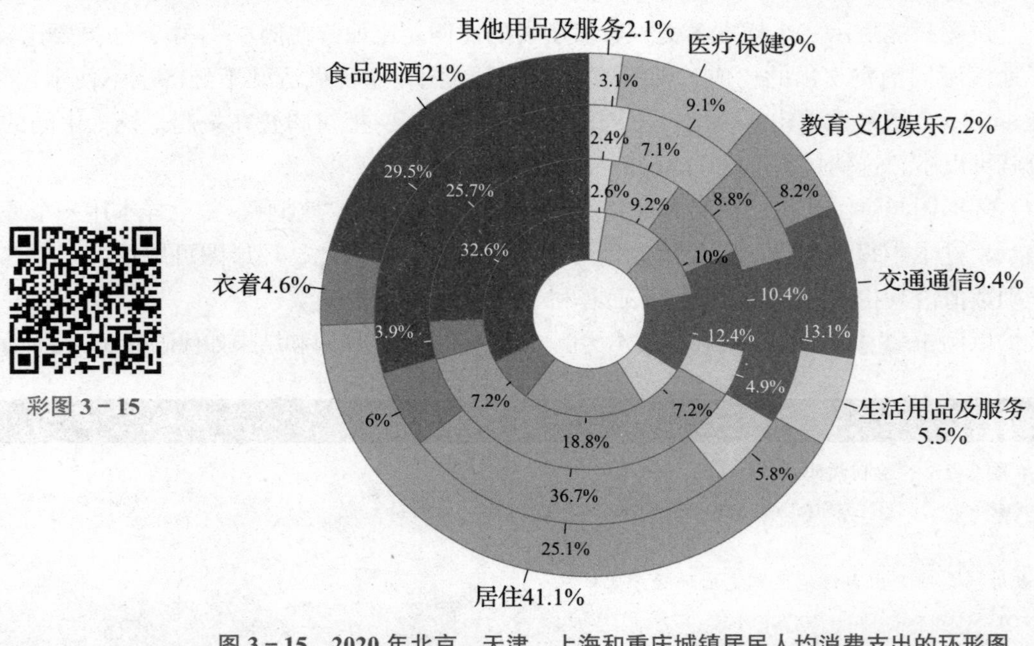

图 3－15　2020 年北京、天津、上海和重庆城镇居民人均消费支出的环形图

图 3－15 展示了 4 个地区各项消费支出的构成。其中，最外面的环是北京，向内依次为天津、上海和重庆。

3.2.4 树状图和旭日图

对于两个或两个以上的类别变量，可以使用树状图和旭日图来展示各类别的层次结构。

1. 树状图

当有两个或两个以上类别变量时，可以将各类别的层次结构画成树状的形式，称为**树状图**（dendrogram）或分层树状图。树状图有不同的表现形式，它主要用来展示各类别变量之间的层次结构关系，尤其适合展示两个及两个以上类别变量的情形。

树状图将多个类别变量的层次结构绘制在一个表示总数值的大的矩形中，每个子类用不同大小的矩形嵌套在这个大的矩形中，嵌套矩形表示各子类别，其大小与相应的子类数值成正比。

使用 treemap 包中的 treemap 函数、DescTools 包中的 PlotTreemap 函数等均可以绘制矩形树状图。treemap 包中的 treemap 函数要求的绘图数据必须是数据框，其中包含一个或多个索引（index）列，即因子（类别变量），一个确定矩形区域大小（vSize）的列（数值变量），以及确定矩形颜色（vColor）的列（可选的数值变量）。矩形树状图的索引变量可以是一个或多个，但为了反映层次结构，索引变量通常需要两个或两个以上。

例 3－2 （数据：example3_1）沿用例 3－1。绘制树状图分析各地区各项支出金额的分布状况。

解 绘制树状图时，需要将表 3－1 的数据转化成长格式，然后再绘图。代码和结果如代码框 3－14 所示。

代码框 3－14 绘制树状图

```
# 图 3-16 的绘制代码
> example3_1<-read.csv("C:/Rdata//example/chap03/example3_1.csv")
> library(reshape2)
> library(treemap)

# 将数据转化成长格式
> df<-melt(example3_1,variable.name=" 地区 ",value.name=" 支出金额 ")

# 绘制矩形树状图
> treemap(df,index=c(" 地区 "," 支出项目 "),          # 设置聚合索引的列名称
+     vSize=" 支出金额 ",                             # 指定矩形大小的列名称
+     type="index",                                   # 确定矩形的着色方式
+     fontsize.labels=9,                              # 设置标签字体大小
+     position.legend="bottom",                       # 设置图例位置
+     title="")                                       # 不显示主标题
```

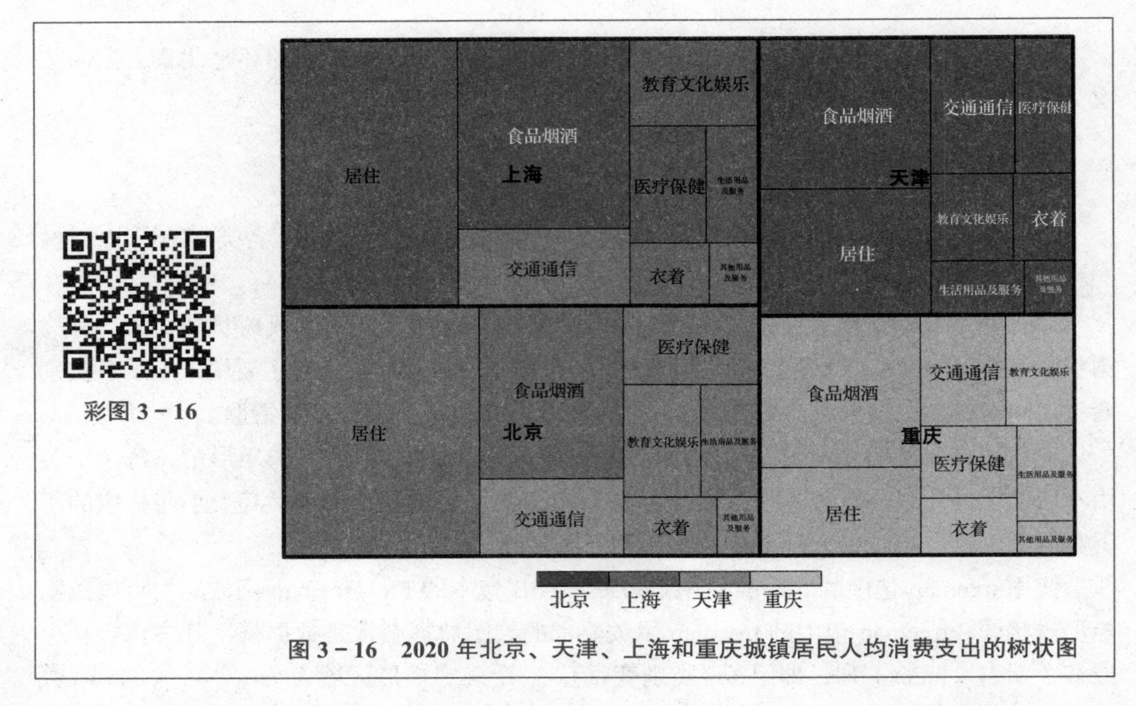

彩图 3－16

图 3－16　2020 年北京、天津、上海和重庆城镇居民人均消费支出的树状图

图 3－16 是将 4 个地区的支出总金额绘制成一个大的矩形，嵌套在这个大矩形中的不同颜色的矩形表示 4 个地区的支出总金额，其大小与该地区的支出总金额占全部总金额的多少成正比，比如，上海的矩形最大，表示在 4 个地区的支出总金额中占比最大，重庆的矩形最小，表示在 4 个地区的支出总金额中占比最小。其中，嵌套在每个地区矩形内部的矩形与该地区不同支出项目的支出金额成正比。比如，上海居住支出占比最大，其矩形也最大，而其他用品及服务的支出占比最小，其矩形也最小。

当数据集的层次结构较多时，使用树状图虽然可以展示各层次结构，但会显得凌乱，不易观察和分析，这时可以考虑使用旭日图。

2. 旭日图

旭日图（sunburst chart）可以看作是饼图的一个特殊变种，也可以看作是树状图的一种极坐标形式。旭日图实际上是多个环形图的集合，当数据集只有一个分层时，旭日图就是环形图。当数据集有多个分层时，旭日图是一种嵌套多层的环形图，其中的每一个圆环代表同一级别的数据比例，离原点（圆心）越近的圆环级别越高，最内层的圆环表示层次结构的顶级，称为父层，向外的圆环级别依次降低，称为子层。相邻两层中，是内层包含外层的关系。

旭日图和环形图看上去很相似，但二者有所不同。环形图的每个环表示一个样本，环内的每一部分表示样本的构成，而多个环的样本结构是相同的，因此，环形图并不反映层次关系，只用于比较相同结构的多个样本的构成。旭日图的最内环表示父类，外面的环表示子类，子类是在父类基础上的再分类，因此旭日图可以清晰地展示各层次的结构关系。现实中有很多数据都适合用旭日图，比如，观察不同年份的销售额中每个季度或每个月的销售额构成等。

R 中有多个包可以绘制旭日图，使用 sunburstR 包中的 sunburst 函数可以绘制动态交互旭日图。绘制旭日图的数据是一种特殊的结构，绘图前需要将数据框转换成绘图所要求的特定格式，即“d3.js”层次结构，然后进行绘图。

以例 3 - 1 中 4 个地区的各项支出为例，使用 sunburst 函数绘制旭日图时，首先需要将表 3 - 1 的数据转化成长格式，然后再使用 d3r 包中的 d3_nest 函数将数据框转换为“d3.js”层次结构，再使用 sunburst 函数进行绘图。绘制旭日图的代码和结果如代码框 3 - 15 所示。

代码框 3 - 15　绘制旭日图

```
# 图 3-17 的绘制代码
> example3_1<-read.csv("C:/Rdata//example/chap03/example3_1.csv")
> library(reshape2)
> library(d3r)                    # 为了使用 d3_nest 函数
> library(sunburstR)

# 数据处理
> df<-melt(example3_1,variable.name=" 地区 ",value.name=" 支出金额 ") # 将数据转化成长格式
> df<-data.frame(df[,2],df[,c(1,3)])                      # 将地区移至数据框的第 1 列
> df_tree<-d3_nest(df,value_cols=" 支出金额 ")             # 将数据框转换为“d3.js”层次结构

# 绘制旭日图
> sunburst(data=df_tree,                                  # 绘制旭日图
+   valueField=" 支出金额 ",                               # 计算大小字段的字符为 vSize
+   count=TRUE,                                           # 在解释中包括计数和总数
+   sumNodes=TRUE)                                        # 默认总和节点 =TRUE
```

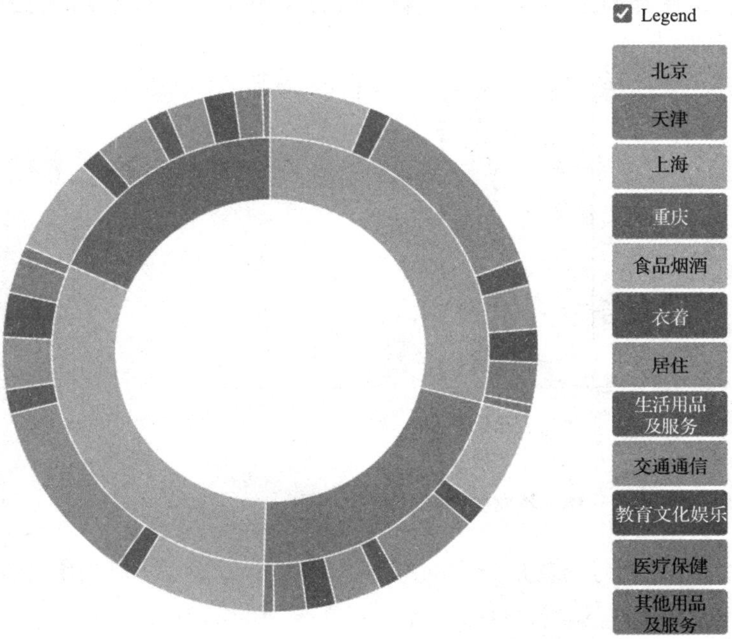

Legend
北京
天津
上海
重庆
食品烟酒
衣着
居住
生活用品及服务
交通通信
教育文化娱乐
医疗保健
其他用品及服务

彩图 3 - 17

图 3 - 17　2020 年北京、天津、上海和重庆城镇居民人均消费支出的旭日图

图3－17中最里面的环是地区构成，属于最高层级的父层，环的每一部分的大小与该地区各项支出的总金额成正比。绘制旭日图时，根据各地区支出总金额的多少，从正午12点开始顺时针方向依次绘制。外面的环是各项消费支出构成，属于较低层级的子层，图中环的每一部分的大小与不同消费项目支出金额的多少成正比，并根据各项目支出金额的多少依次绘制。图3－17为动态交互图，将鼠标指针放在任意环内，可显示地区和数值百分比。

3.3 数值数据可视化

展示数值数据的图形有多种。对于只有一个样本或一个变量的数值数据，主要是关心数据的分布特征，比如，分布的形状是否对称、是否存在长尾等；对于多个数值变量，主要是关注变量之间的关系，比如，变量之间是否有关系以及有什么样的关系等；对于在多个样本上获得和多个数值变量，主要是关注各样本在多个变量上的取值是否相似。

3.3.1 分布特征可视化

数据的分布特征主要是指分布的形状是否对称、是否存在长尾或离群点等。展示数据分布特征的图形有多种，本节只介绍**直方图**（histogram）和**箱形图**（box plot）。

1. 直方图

直方图是展示数值数据分布的一种常用图形，它是用矩形的宽度表示数据分组，用矩形的高度表示各组频数绘制的图形。通过直方图可以观察数据分布的大致形状，如分布是否对称、偏斜的程度以及长尾部的方向等。图3－18展示了几种不同分布形状的直方图。

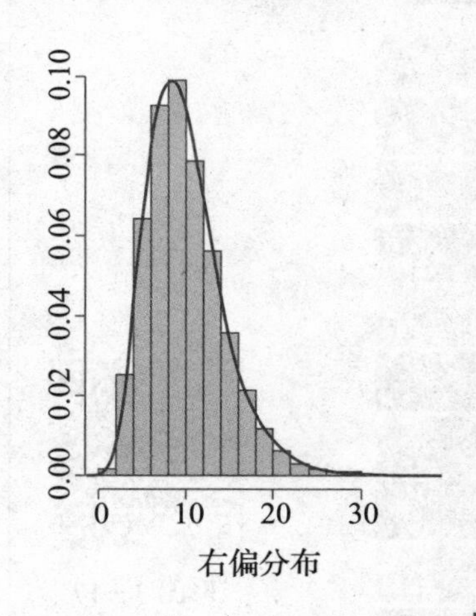

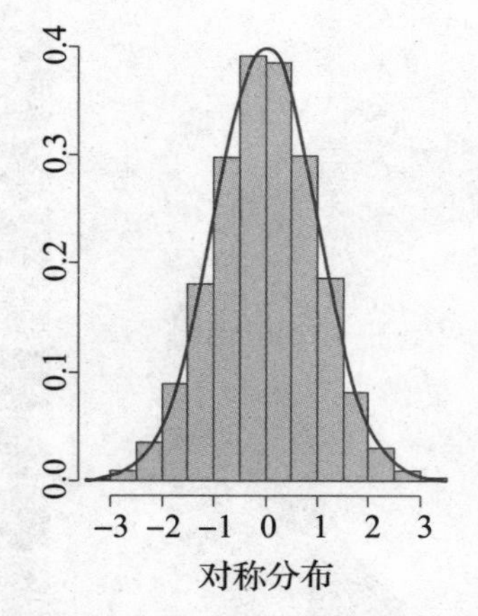

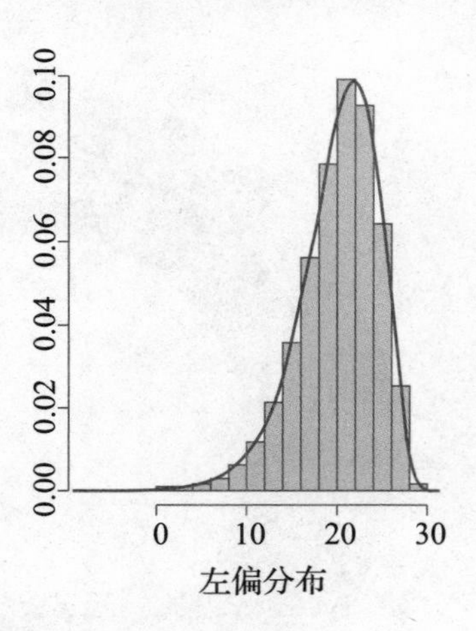

图3－18　不同分布形状的直方图

图3－18中，分布曲线的最高处就是分布的峰值。对称分布是以峰值为中心两侧对称；右偏分布是指在分布的右侧有长尾；左偏分布是指在分布的左侧有长尾。

绘制直方图时，用x轴表示数据的分组区间，y轴表示各组的频数或频率，根据区间宽度和相应的频数画出一个矩形，多个矩形并列起来就是直方图。由于数据的分组是连续的，所以各矩形之间是连续排列，不能留有间隔。

例 3－3 （数据：example3_3）为分析网约车的营业情况，随机抽取 150 个参与网上约车服务的司机进行调查，得到他们某一天的营业额数据如表 3－2 所示。绘制直方图分析营业额的分布特征。

表 3－2 150 个网约车司机某天的营业额 （单位：元）

319	493	346	362	532	283	413	207	444	426
264	510	615	365	355	418	329	315	439	446
354	550	450	346	510	391	516	378	470	453
351	586	345	380	384	476	434	313	202	400
357	419	426	369	461	268	435	416	226	363
237	638	354	487	401	209	433	454	424	361
638	390	392	355	302	569	583	459	421	289
375	408	475	546	299	384	462	349	370	480
436	572	251	431	296	349	240	475	453	377
586	334	528	516	492	331	391	489	366	530
321	494	309	402	660	327	351	360	319	255
350	367	387	365	433	388	391	459	394	297
257	397	432	303	381	433	317	418	393	458
528	360	500	273	240	392	403	447	319	300
501	535	420	314	447	393	443	463	698	327

解 绘制直方图的代码和结果如代码框 3－16 所示。

代码框 3－16 绘制直方图

```
# 图 3-19 的绘制代码
> df<-read.csv("C:/Rdata//example/chap03/example3_3.csv")

# 图（a）：默认分组
> par(mfrow=c(1,2),mai=c(0.6,0.7,0.4,0.1),cex=0.8,cex.main=1,font.main=1)
> hist(df$ 营业额 ,labels=FALSE,                # 不添加各组的频数标签
+ col="lightblue",xlab=" 营业额 ",ylab=" 频数 ",
+ main="(a) 默认分组 ")

# 图（b）：分成 20 组，添加核密度曲线
> hist(df$ 营业额 ,breaks=20,prob=TRUE,    # y 轴为密度
  +  col="lightblue",xlab=" 营业额 ",ylab=" 密度 ",
  +  main="(b) 分成 20 组，添加核密度曲线 ")
> lines(density(df$ 营业额 ),col=2,lwd=2)   # 添加核密度曲线
```

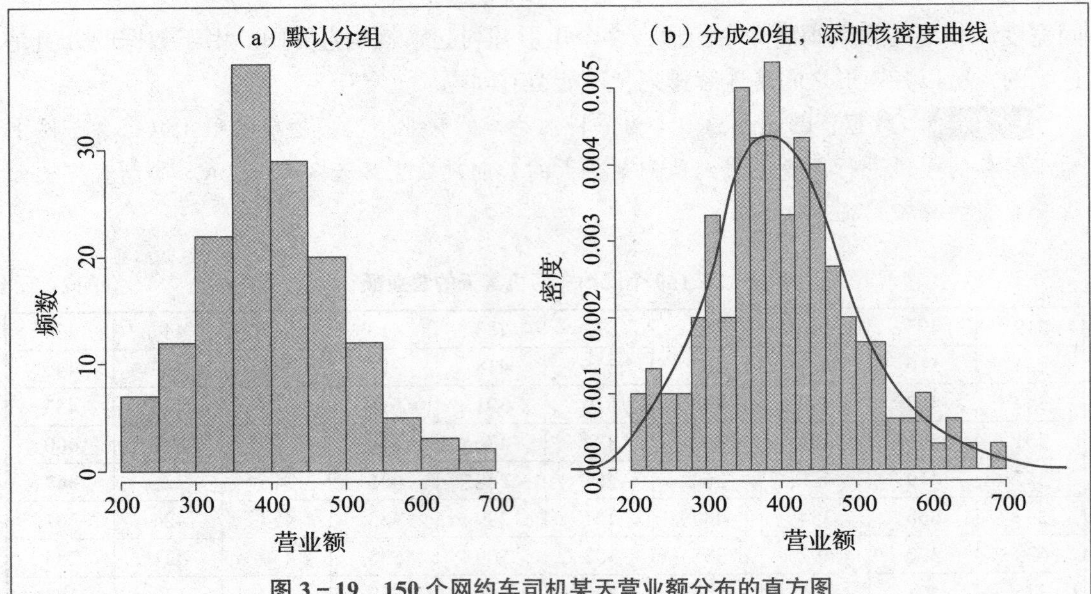

图 3－19　150 个网约车司机某天营业额分布的直方图

注：直方图函数 hist 中的 x 为数据向量；参数 breaks 用于设置组数；probability=TRUE 绘制 y 轴为密度的直方图（默认 probability=FALSE）。设定参数 labels=TRUE 可为直方图增加频数标签（默认 labels=FALSR）。函数 lines(density(x)) 为直方图增加核密度估计曲线。函数 curve(dnorm(x,mean(x), sd(x))) 为直方图增加均值为 mean(x)、标准差为 sd(x) 的正态曲线。更多信息查看相应函数的帮助。

图 3－19 显示，营业额的分布主要集中在 350 ～ 400 元之间，以此为中心两侧依次减少，基本上呈现对称分布，但右边的尾部比左边的尾部稍长一些，表示营业额的分布有一定程度的右偏。

注意：直方图与条形图不同。首先，条形图中的每一矩形表示一个类别，其宽度通常没有意义[①]，而直方图的宽度则表示各组的组距。其次，由于分组数据具有连续性，直方图的各矩形通常是连续排列，而条形图则是分开排列。最后，条形图主要用于展示类别数据或具有类别标签的数值数据，而直方图则主要用于展示类别化的数值数据。

2. 箱形图

箱形图也称箱线图，它不仅可用于反映一组数据分布的特征，比如，分布是否对称，是否存在**离群点**（outlier）等，还可以对多组数据的分布特征进比较，这也是箱形图的主要用途。绘制箱形图步骤大致如下：

首先，找出一组数据的**中位数**（median）和两个**四分位数**[②]（quartiles），并画出箱子。中位数是一组数据排序后处在 50% 位置上的数值。四分位数是一组数据排序后处在 25% 位置和 75% 位置上的两个分位数值，分别用 $Q_{25\%}$ 和 $Q_{75\%}$ 表示。$Q_{75\%}-Q_{25\%}$ 称为**四分位差或四分位距**（quartile deviation），用 IQR 表示。用两个四分位数画出箱子（四分位差的范围），并画出中位数在箱子里面的位置。

① 使用 R 软件可以绘制不等宽条形图，此时的宽度是有意义的，条的宽度表示样本量大小。

② 这些统计量将在第 4 章详细介绍。

其次，计算出内围栏和相邻值，并画出须线。**内围栏**（inter fence）是与 $Q_{25\%}$ 和 $Q_{75\%}$ 的距离等于 1.5 倍四分位差的两个点，其中 $Q_{25\%}-1.5\times\text{IQR}$ 称为下内围栏，$Q_{75\%}+1.5\times\text{IQR}$ 称为上内围栏。上下内围栏一般不在箱形图中显示，只是作为确定离群点的界限[①]。然后找出上下内围栏之间的最大值和最小值（即非离群点的最大值和最小值），称为**相邻值**（adjacent value），其中 $Q_{25\%}-1.5\times\text{IQR}$ 范围内的最小值称为下相邻值，$Q_{75\%}+1.5\times\text{IQ}$ 范围内的最大值称为上相邻值。用直线将上下相邻值分别与箱子连接，称为**须线**（whiskers）。

最后，找出离群点，并在图中单独标出。**离群点**（outlier）是大于上内围栏或小于下内围栏的数值，也称**外部点**（outside value），在图中用"o"单独标出。

箱形图的一般形式如图 3－20 所示。

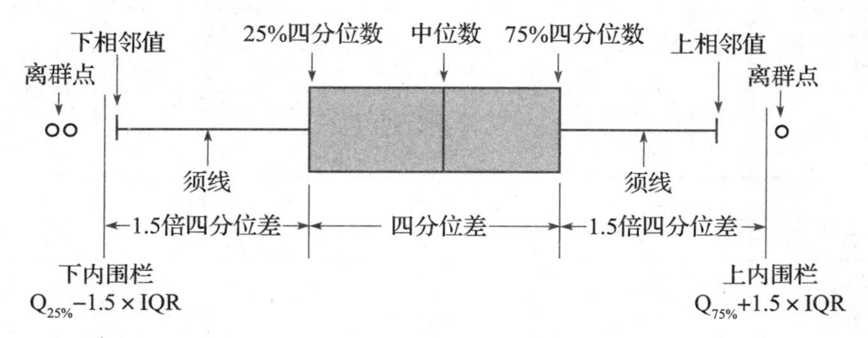

图 3－20 箱形图的示意图

为理解箱形图所展示的数据分布的特征，图 3－21 给出了几种不同的箱形图与其所对应的直方图。

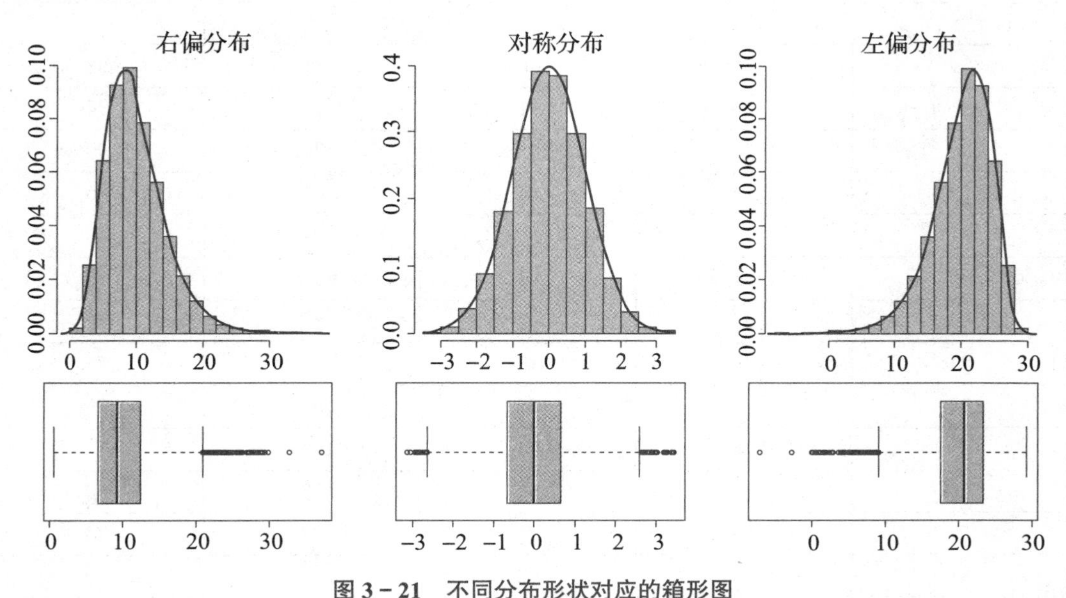

图 3－21 不同分布形状对应的箱形图

① 也可以设定 3 倍的四分位差作为围栏，称为**外围栏**（outer fence），其中 $Q_{25\%}-3\times\text{IQR}$ 称为下外围栏，$Q_{75\%}+3\times\text{IQR}$ 称为上外围栏。外围栏也不在箱线图中显示。在外围栏之外的数据也称为极值（extreme）。统计软件通常默认根据内围栏确定相邻值。

下面通过一个例子说明用R绘制箱形图的方法。

例3-4 （数据：example3_4）从某大学的5个学院中各随机抽取30名学生，得到英语考试分数的数据如表3-3所示。绘制箱形图分析不同学院学生英语考试分数的分布特征。

表3-3 5个学院各30名学生的英语考试分数

经济学院	法学院	商学院	理学院	统计学院
74	83	90	70	78
77	81	95	73	74
78	71	95	80	86
84	68	91	75	66
85	77	60	60	80
72	71	87	75	91
83	62	84	79	78
92	68	81	69	79
55	75	70	76	85
72	78	92	75	76
76	82	82	64	73
76	78	83	77	91
84	75	90	76	87
78	76	96	78	78
74	74	87	76	86
85	70	88	65	71
79	74	86	81	68
81	79	91	79	74
80	71	85	74	90
58	73	86	66	76
81	79	95	74	80
80	82	82	73	77
87	67	92	80	86
81	76	78	76	75
74	77	85	67	79
85	76	93	83	72
69	75	86	72	89
77	66	78	73	84
81	76	92	70	69
79	69	83	90	84

解 绘制箱形图的代码和结果如代码框 3 - 17 所示。

代码框 3 - 17 绘制箱形图

```
# 图 3-22 的绘制代码
> example3_4<-read.csv("C:/Rdata//example/chap03/example3_4.csv")
> par(mai=c(0.7,0.7,0.1,0.1),cex=0.8)
> palette<-RColorBrewer::brewer.pal(5,"Set2")
> boxplot(example3_4,xlab=" 学院 ",notch=F,col=palette,ylab=" 英语分数 ")
> points((apply(example3_4,2,mean)),col="blue3",lwd=1,cex=1.5,pch="+") # 画出均值点
```

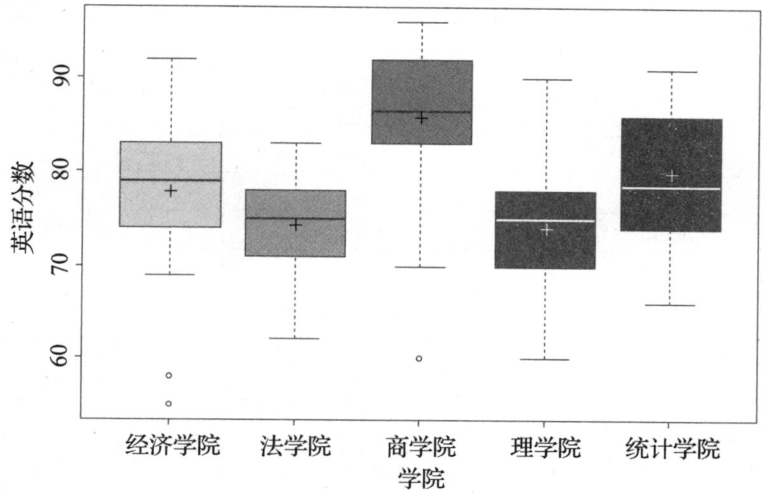

彩图 3 - 22

图 3 - 22　5 个学院各 30 名学生英语考试分数的箱形图

箱形图中在“+”位置上显示的是平均数。图 3 - 22 显示，英语分数的整体水平（中位数或平均数）最高的是商学院，其次是经济学院和统计学院（二者差异不大)，较低的是法学院和理学院（二者差异不大)。从分布形状看，除统计学院外，其他 4 个学院的平均数都低于中位数，表示英语分数的分布呈现一定的左偏分布，其中，经济学院的箱形图中出现了 2 个离群点，商学院出现了 1 个离群点（通过添加数据标签可观察其结果)，统计学院的分数则大致对称。

3.3.2 变量间关系可视化

如果要展示两个数值变量之间的关系，可以使用散点图；如果要展示 3 个数值变量之间的关系，则可以使用气泡图。

1. 散点图

散点图（scatter diagram）是用二维坐标中两个变量各取值点的分布展示变量之间关系的图形。设坐标横轴代表变量 x，纵轴代表变量 y（两个变量的坐标轴可以互换)，每对数据（x_i，y_i）在直角坐标系中用一个点表示，n 对数据点在直角坐标系中形成的点图

称为散点图。利用散点图可以观察变量之间是否有关系、有什么样的关系以及关系的大致强度等。

例 3-5 （数据：example3_5）表 3-4 是 2020 年 31 个地区的人均地区生产总值（按当年价格计算）、社会消费品零售总额和地方财政一般预算支出。绘制散点图并观察它们之间的关系。

表 3-4　2020 年 31 个地区的人均地区生产总值、社会消费品零售总额和地方财政一般预算支出

地区	人均地区生产总值（元）	社会消费品零售总额（亿元）	地方财政一般预算支出（亿元）
北京	164 889	13 716.4	7 116.18
天津	101 614	3 582.9	3 150.61
河北	48 564	12 705.0	9 021.74
山西	50 528	6 746.3	5 110.95
内蒙古	72 062	4 760.5	5 268.22
辽宁	58 872	8 960.9	6 001.99
吉林	50 800	3 824.0	4 127.17
黑龙江	42 635	5 092.3	5 449.39
上海	155 768	15 932.5	8 102.11
江苏	121 231	37 086.1	13 682.47
浙江	100 620	26 629.8	10 081.87
安徽	63 426	18 334.0	7 470.96
福建	105 818	18 626.5	5 214.62
江西	56 871	10 371.8	6 666.10
山东	72 151	29 248.0	11 231.17
河南	55 435	22 502.8	10 382.77
湖北	74 440	17 984.9	8 439.04
湖南	62 900	16 258.1	8 402.70
广东	88 210	40 207.9	17 484.67
广西	44 309	7 831.0	6 155.42
海南	55 131	1 974.6	1 973.89
重庆	78 170	11 787.2	4 893.94
四川	58 126	20 824.9	11 200.72
贵州	46 267	7 833.4	5 723.27
云南	51 975	9 792.9	6 974.01
西藏	52 345	745.8	2 207.77
陕西	66 292	9 605.9	5 933.78
甘肃	35 995	3 632.4	4 154.90
青海	50 819	877.3	1 933.28
宁夏	54 528	1 301.4	1 483.01
新疆	53 593	3 062.5	5 453.75

数据来源：国家统计局网站，www.stats.gov.cn。

解 如果想观察 3 个变量两两之间的关系，可以分别绘制出 3 个散点图。这里只绘制出人均地区生产总值与社会消费品零售总额、社会消费品零售总额与地方财政一般预算支出的两个散点图，代码和结果如代码框 3－18 所示。

代码框 3－18 绘制散点图

```
# 图 3-23 的绘制代码
> example3_5<-read.csv("C:/Rdata//example/chap03/example3_5.csv")
> attach(example3_5)                    # 绑定数据框

> par(mfrow=c(1,2),mai=c(0.7,0.7,0.3,0.1),cex=0.7,cex.main=1,font.main=1)

# 图 (a)：人均地区生产总值与社会消费品零售总额的散点图
> plot( 人均地区生产总值 , 社会消费品零售总额 ,pch=19,col="steelblue",
  +   xlab=" 人均地区生产总值 ",ylab=" 社会消费品零售总额 ",
  +   main=" (a) 人均地区生产总值与社会消费品零售总额的散点图 ")
> abline(lm( 社会消费品零售总额 ~ 人均地区生产总值 ),lwd=2,col="red")  # 添加回归线

# 图 (b)：社会消费品零售总额与地方财政一般预算支出的散点图
> plot( 社会消费品零售总额 , 地方财政一般预算支出 ,pch=19,col="steelblue",
  +   xlab=" 社会消费品零售总额 ",ylab=" 地方财政一般预算支出 ",
  +   main=" (b) 人均地区生产总值与社会消费品零售总额的散点图 ")
> abline(lm( 地方财政一般预算支出 ~ 社会消费品零售总额 ),lwd=2,col="red")
```

（a）人均地区生产总值与社会消费品零售总额的散点图

（b）人均地区生产总值与社会消费品零售总额的散点图

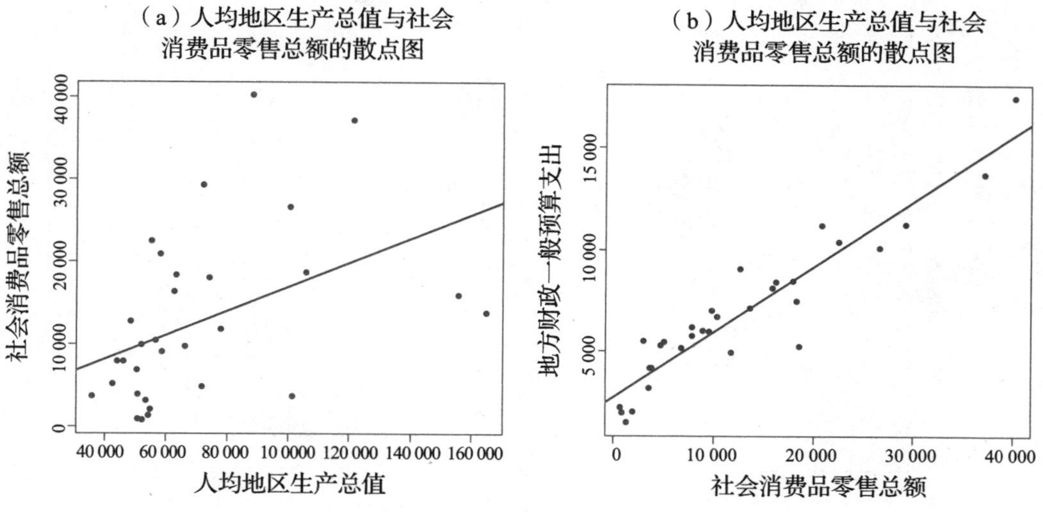

图 3－23 例 3－5 数据的散点图

图 3－23（a）显示，随着人均地区生产总值的增加，社会消费品零售总额也在一定程度上随之增加，表明二者之间具有一定的线性关系，但线性关系不是很强。图 3－23（b）

则显示，各观测点紧密围绕直线周围分布，表示社会消费品零售总额与地方财政一般预算支出之间具有较强的线性关系。

2. 气泡图

普通散点图只能展示两个变量间的关系。对于 3 个变量之间的关系，除了可以绘制三维散点图外，也可以绘制**气泡图**（bubble chart），它可以看作是散点图的一个变种。在气泡图中，第 3 个变量数值的大小用气泡的大小表示。

使用 plot 函数、symbols 函数等均可以绘制气泡图。以例 3－5 为例，设 x 表示人均地区生产总值，y 表示社会消费品零售总额，气泡的大小表示地方财政一般预算支出的多少，绘制气泡图的代码和结果如代码框 3－19 所示。

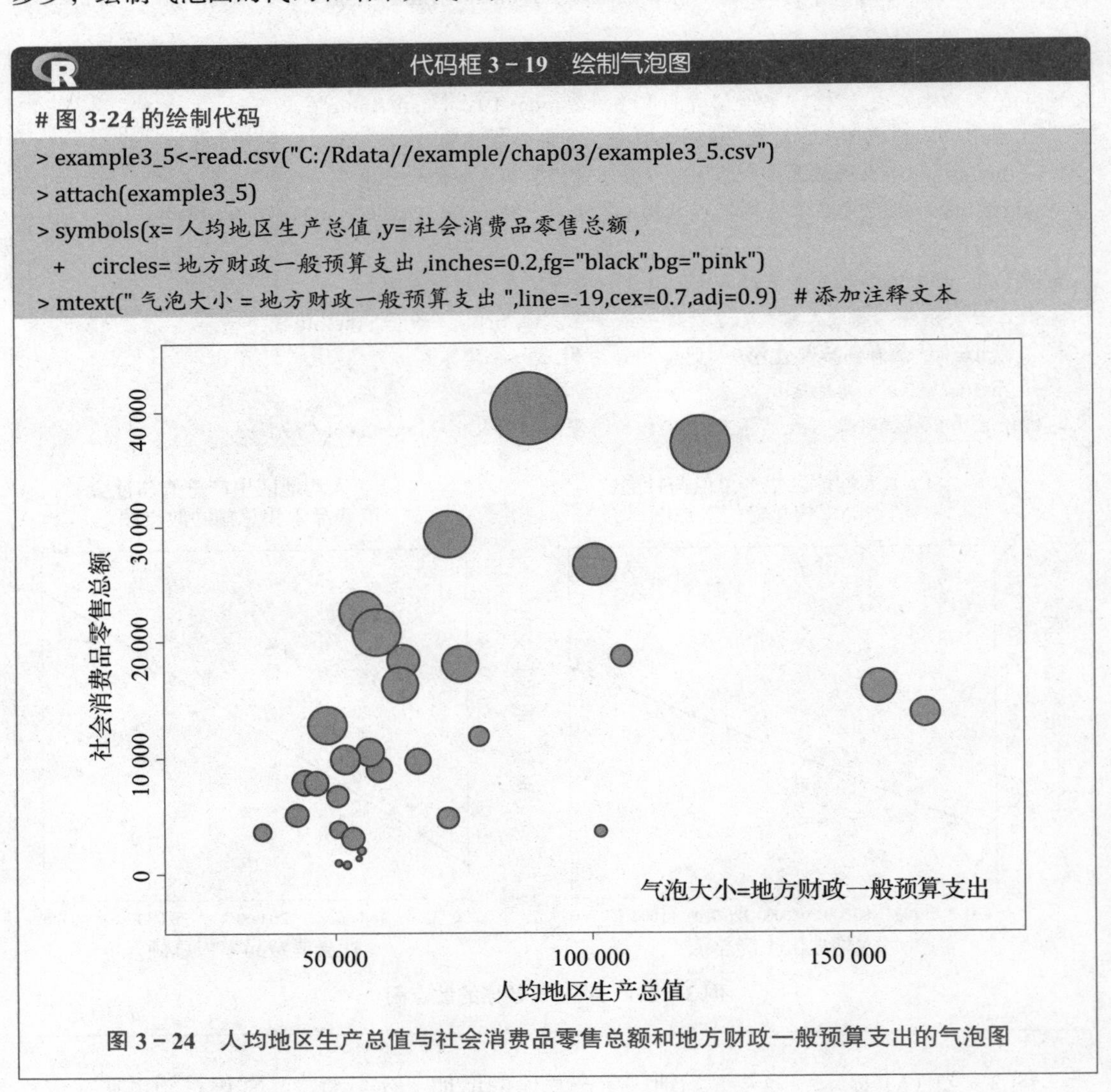

代码框 3－19　绘制气泡图

```
# 图 3-24 的绘制代码
> example3_5<-read.csv("C:/Rdata//example/chap03/example3_5.csv")
> attach(example3_5)
> symbols(x= 人均地区生产总值 ,y= 社会消费品零售总额 ,
+   circles= 地方财政一般预算支出 ,inches=0.2,fg="black",bg="pink")
> mtext(" 气泡大小 = 地方财政一般预算支出 ",line=-19,cex=0.7,adj=0.9)  # 添加注释文本
```


图 3－24　人均地区生产总值与社会消费品零售总额和地方财政一般预算支出的气泡图

图 3－24 显示，人均地区生产总值与社会消费品零售总额之间具有一定的线性关系，

气泡的大小表示地方财政一般预算支出的多少，可以看出，随着人均地区生产总值和社会消费品零售总额的增加，各气泡也随之变大，表示地方财政一般预算支出与人均地区生产总值和社会消费品零售总额之间也具有一定的线性关系。

3.3.3 样本相似性可视化

假定一个集团公司在 10 个地区有销售分公司，每个公司都有销售人员数、销售额、销售利润、所在地区的人口数、当地的人均收入等数据。如果想知道 10 家分公司在上述几个变量上的差异或相似程度，该用什么图形进行展示呢？这里涉及 10 个样本的 5 个变量，显然无法用二维坐标进行图示了。利用雷达图和轮廓图则可以比较 10 家分公司在各变量取值上的相似性。

1. 雷达图

雷达图（radar chart）是从一个点出发，用每一条射线代表一个变量，多个变量的数据点连接成线，即围成一个区域，多个样本围成多个区域，就是雷达图，利用它也可以研究多个样本之间的相似程度。

例 3－6（数据：example3_6）沿用例 3－1。绘制雷达图，比较不同地区的人均各项消费支出的特点和相似性。

解 使用 fmsb 包中的 radarchart 函数、plotrix 包中的 radial.plot 函数、ggiraphExtra 包中的 ggRadar 函数等均可以绘制雷达图。

绘制雷达图时，函数会将行变量作为样本。因此，要比较不同地区各项支出的相似性时，则需要先将表 3－1 的数据进行转置处理，也就是将地区放在行的位置，将支出项目放在列的位置。如果要比较各项支出在不同地区上的相似性，则可以直接使用表 3－1 的数据。

这里使用 ggiraphExtra 包（需要同时加载 ggplot2 包）中的 ggRadar 函数绘制雷达图，代码和结果如代码框 3－20 所示。

代码框 3－20 绘制雷达图

```
# 图 3-25 的绘制代码（数据：example3_6）——比较地区的相似性
> example3_6<-read.csv("C:/Rdata//example/chap03/example3_6.csv")
> library(ggiraphExtra)
> library(ggplot2)
> ggRadar(data=example3_6,rescale=FALSE,          # 不做归一化处理
  +   aes(group= 地区 ),                          # 按地区分组绘制
  +   alpha=0,size=2)+                            # 设置填充颜色透明度和结点大小
  +   theme(axis.text=element_text(size=7),       # 设置坐标轴字体大小
  +     legend.position="right",                  # 设置图例位置
  +     legend.text=element_text(size="7"))       # 设置图例字体大小
```

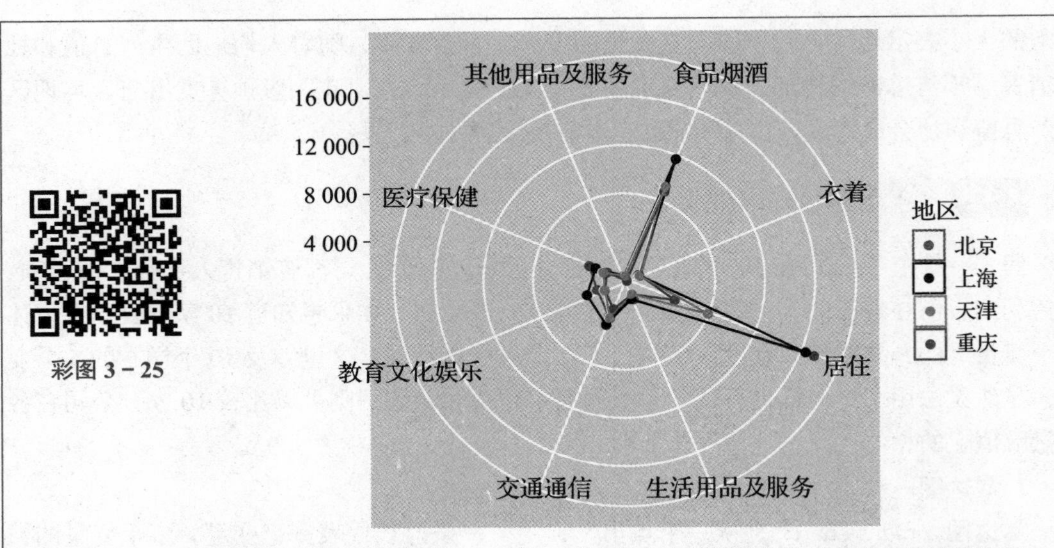

图 3－25　2020 年北京、天津、上海和重庆城镇居民人均消费支出的雷达图

```
# 图 3-26 的绘制代码（数据：example3_1）——比较消费项目的相似性
> example3_1<-read.csv("C:/Rdata//example/chap03/example3_1.csv")
> library(ggiraphExtra)
> library(ggplot2)
> ggRadar(data=example3_1,rescale=FALSE,
+   aes(group= 支出项目 ),                # 按消费项目分组绘制
+   alpha=0,size=2)+
+   theme(axis.text=element_text(size=7),
+     legend.position="right",
+     legend.text=element_text(size="7"))
```

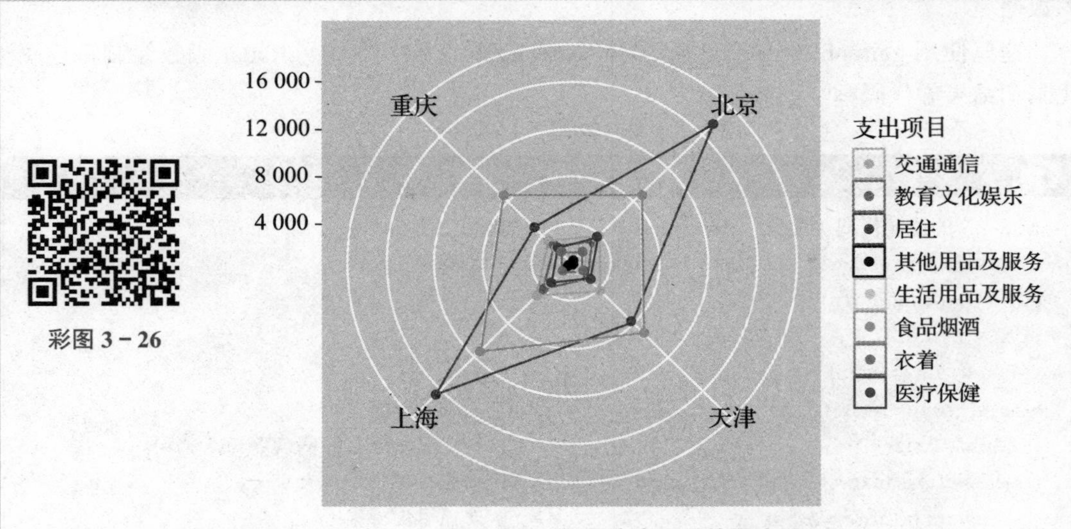

图 3－26　不同支出项目的雷达图

注：ggRadar 函数默认 rescale=TRUE，表示使用尺度缩放后的数据绘制雷达图；设置 rescale=FALSE，表示使用原始数据绘制雷达图。更多信息请查阅函数帮助。

图3－25显示，四个地区人均各项消费支出中，居住支出相对较多，尤其是北京和上海的居住支出明显高于天津和重庆；食品烟酒支出其次，其他商品及服务支出最少。上海的各项消费支出较高，其次是北京、天津和重庆。雷达图所围成的形状十分相似，说明四个地区的消费结构十分相似。图3－26显示，从雷达图围成的形状看，除居住支出外，其他几项支出在地区的构成上十分相似。

2. 轮廓图

轮廓图（outline chart）也称为平行坐标图或多线图。用x坐标表示各样本，y轴表示每个样本的多个变量的取值，将不同样本的同一个变量的取值用折线连接，即为轮廓图。

R软件中有多个函数可以绘制轮廓图，如graphics包中的plot函数和matplot函数、plotrix包中的ladderplot函数、DescTools包中的PlotLinesA函数、ggiraphExtra包中的ggPair函数等。

根据例3－1中的数据，将各项支出作为x轴，使用DescTools包中的PlotLinesA函数绘制轮廓图的代码和结果如代码框3－21所示。

代码框3－21　绘制轮廓图

```
# 图3-27的绘制代码——比较地区的相似性
> example3_1<-read.csv("C:/Rdata//example/chap03/example3_1.csv")
> mat<-as.matrix(example3_1[,2:5])          # 将数据框df中的第2~5列转换成矩阵mat
> rownames(mat)=df[,1]                       # 矩阵的行名为df第1列的名称

> library(DescTools)
> par(mai=c(0.6,0.6,0.1,0.1),cex=0.7)
> PlotLinesA(mat,xlab="消费项目",ylab="支出金额",args.legend=NA,
+   col=1:4,pch=21,pch.col=1,pch.bg="white",pch.cex=1)
> legend(x="topright",legend=rownames(t(mat)),
+   lty=1,col=1:4,box.col="grey80",inset=0.01,ncol=1,cex=0.8) # 添加图例
```

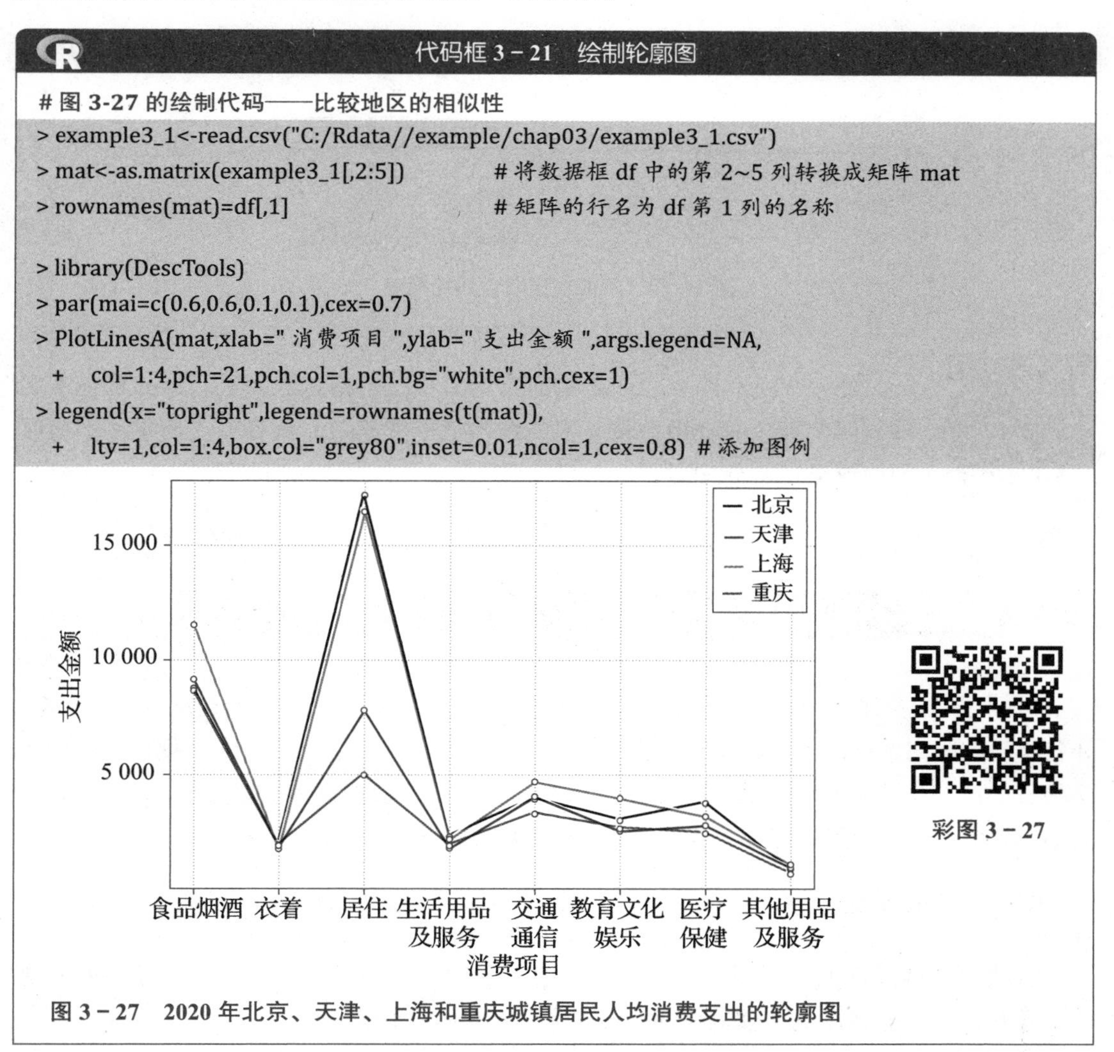

图3－27　2020年北京、天津、上海和重庆城镇居民人均消费支出的轮廓图

```
#图 3-28 的绘制代码——比较消费项目的相似性
> PlotLinesA(t(mat),xlab=" 消费项目 ",ylab=" 支出金额 ",args.legend=NA,
+    col=1:8,pch=21,pch.col=1,pch.bg="white",pch.cex=1)
> legend(x="topright",legend=rownames(mat),lty=1,
+    col=1:8,box.col="grey80",inset=0.01,ncol=1,cex=0.8)
```

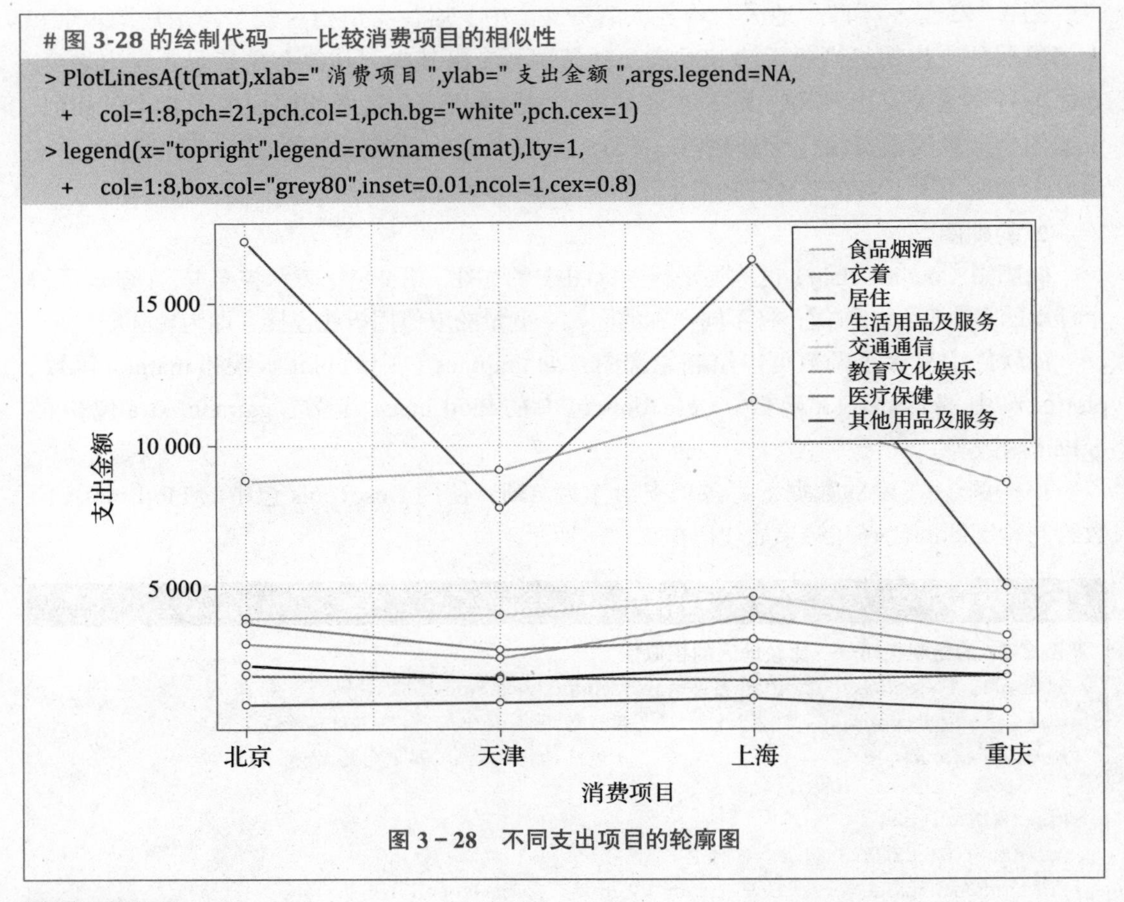

图 3－28　不同支出项目的轮廓图

彩图 3－28

图 3－27 和图 3－28 显示的结论与相应的雷达图一致，即除居住支出外，四个地区在各项消费支出的结构上十分相似，而各项支出在不同地区的构成上也十分相似。

3.4 时间序列可视化

时间序列（见第 7 章）是一种常见的数据形式，它是在不同时间点上记录的一组数据，如各年份的国内生产总值（GDP）数据、各月份的消费者价格指数（CPI）数据、一年中各交易日的股票价格指数收盘数据等。通过可视化，可以观察时间序列的变化模式和特征。时间序列的可视化图形有多种，其中最基本的是**折线图**（line chart）和**面积图**（area chart）。

3.4.1 折线图

折线图是描述时间序列最基本的图形，它主要用于观察和分析时间序列随时间变化的形态和模式。折线图的 x 轴是时间，y 轴是变量的观测值。

例 3-7 （数据：example3_7）2000—2020年我国城镇居民和农村居民的消费水平数据如表3-5所示。绘制折线图分析居民消费水平的变化特征。

表3-5 2000—2020年我国城镇居民和农村居民的消费水平 （单位：元）

年份	城镇居民消费水平	农村居民消费水平
2000	6 972	1 917
2001	7 272	2 032
2002	7 662	2 157
2003	7 977	2 292
2004	8 718	2 521
2005	9 637	2 784
2006	10 516	3 066
2007	12 217	3 538
2008	13 722	3 981
2009	14 687	4 295
2010	16 570	4 782
2011	19 219	5 880
2012	20 869	6 573
2013	22 620	7 397
2014	24 430	8 365
2015	26 119	9 409
2016	28 154	10 609
2017	30 323	12 145
2018	32 483	13 985
2019	34 900	15 382
2020	34 033	16 063

解 R中有多个函数可以绘制折线图。使用ggplot2包中的geom_line()函数绘制折线图的代码和结果如代码框3-22所示。

代码框 3-22 绘制折线图

```
#图 3-29 的绘制代码
> library(reshape2)
> library(ggplot2)
> example3_7<-read.csv("C:/Rdata//example/chap03/example3_7.csv")
> df<-melt(example3_7,id.vars=" 年份 ",
+    variable.name=" 居民 ",value.name=" 消费水平 ")      # 融合数据为长格式
```

```
#设置图形主题
> mytheme<-theme(legend.position=c(0.12,0.85),          #设置图例位置
    +   legend.text=element_text(size="7"),              #设置图例字体大小
    +   axis.title=element_text(size=10),                #设置坐标轴标签的字体大小
    +   axis.text=element_text(size=7))                  #设置坐标轴刻度字体的大小

#绘制折线图
> ggplot(df,aes(x= 年份 ,y= 消费水平 ,color= 居民 ))+     #设置x轴、y轴和线的填充颜色
    +   geom_line()+                                      #绘制折线图
    +   mytheme
```

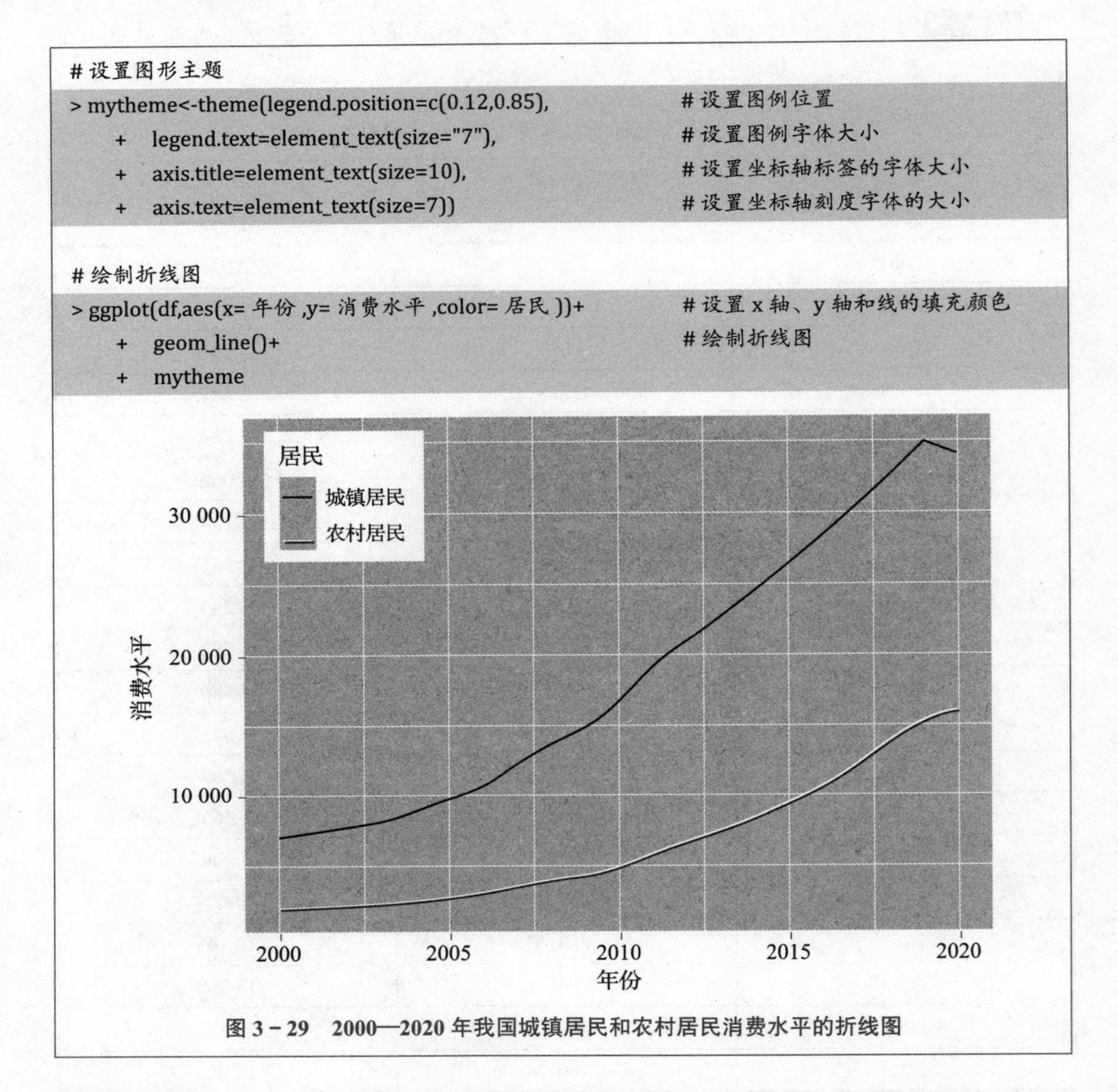

图 3－29　2000—2020 年我国城镇居民和农村居民消费水平的折线图

彩图 3－29

图 3－29 显示，无论是城镇居民还是农村居民，消费水平都有逐年增长的趋势，而城镇居民消费水平各年均高于农村居民，而且随着时间的推移，二者的差距有进一步扩大的趋势。

3.4.2 面积图

面积图是在折线图的基础上绘制的，它将折线与 x 轴之间的区域用颜色填充，填充的区域即为面积。面积图不仅美观，而且能更好地展示时间序列变化的特征和模式。将多个时间序列绘制在一幅图中时，序列数不宜太多，否则图形之间会有相互遮盖，看起来会很乱。当序列较多时，可以将每个序列单独绘制一幅图。

沿用例 3－7，绘制面积图的代码和结果如代码框 3－23 所示。

代码框 3-23 绘制面积图

```
#图 3-30 的绘制代码（使用图 3-29 的数据框 df 和 mytheme 设置）
> ggplot(df,aes(x= 年份 ,y= 消费水平 ,fill= 居民 ))+
+    geom_area()+mytheme    # 绘制面积
```

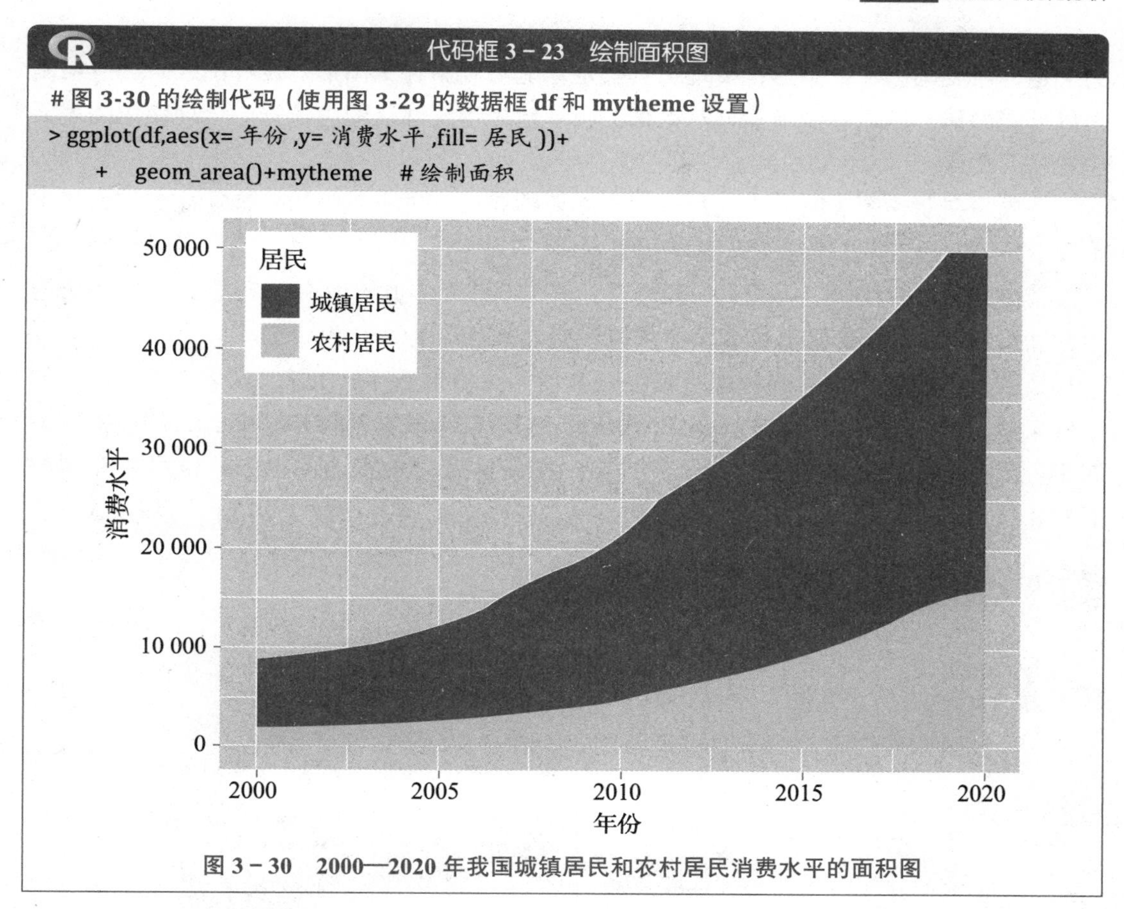

图 3-30　2000—2020 年我国城镇居民和农村居民消费水平的面积图

图 3-30 中的面积大小与相应的数据大小成正比。

3.5 合理使用图表

彩图 3-30

统计图表是展示数据的有效方式。在日常生活中，阅读报刊或者在看电视、查阅计算机网络时都能看到大量的统计图表。统计表把杂乱的数据有条理地组织在一张简明的表格内，统计图把数据形象地展示出来。显然，看统计图表要比看那些枯燥的数字更有趣，也更容易理解。合理使用统计图表是做好统计分析的最基本技能。

使用图表的目的是让别人更容易看懂和理解数据。一张精心设计的图表可以有效地把数据呈现出来。使用计算机可以很容易地绘制出漂亮的图表，但需要注意的是，初学者往往会在图形的修饰上花费太多的时间和精力，而不注意对数据的表达。这样做得不偿失，也未必合理，或许会画蛇添足。

精心设计的图表可以准确表达数据所要传递的信息。可视化分析需要清楚三个基本问题，即数据类型、分析目的和实现工具。数据类型决定你可以画出什么图形；分析目的决定你需要画出什么图形；实现工具决定你能够画出什么图形。设计图表时，应绘制得尽可能简洁，以能够清晰地显示数据、合理地表达统计目的为依据。合理使用图表要注意以下几点：

首先，在制作图表时，应避免一切不必要的修饰。过于花哨的修饰往往会使人注重图表本身，而掩盖了图表所要表达的信息。

其次，图形的比例应合理。一般而言，一张图形大体上约为 10∶7 或 4∶3 的一个矩形，过长或过高的图形都有可能歪曲数据，给人留下错误的印象。

最后，图表应有编号和标题。编号一般使用阿拉伯数字，如表 1、表 2 等。图表的标题应明示出表中数据所属的时间（when）、地点（where）和内容（what），即通常所说的 3W 准则。表的标题通常放在表的上方；图的标题可放在图的上方，也可放在图的下方。

思维导图

下面的思维导图展示了本章介绍的数据可视化分析框架。

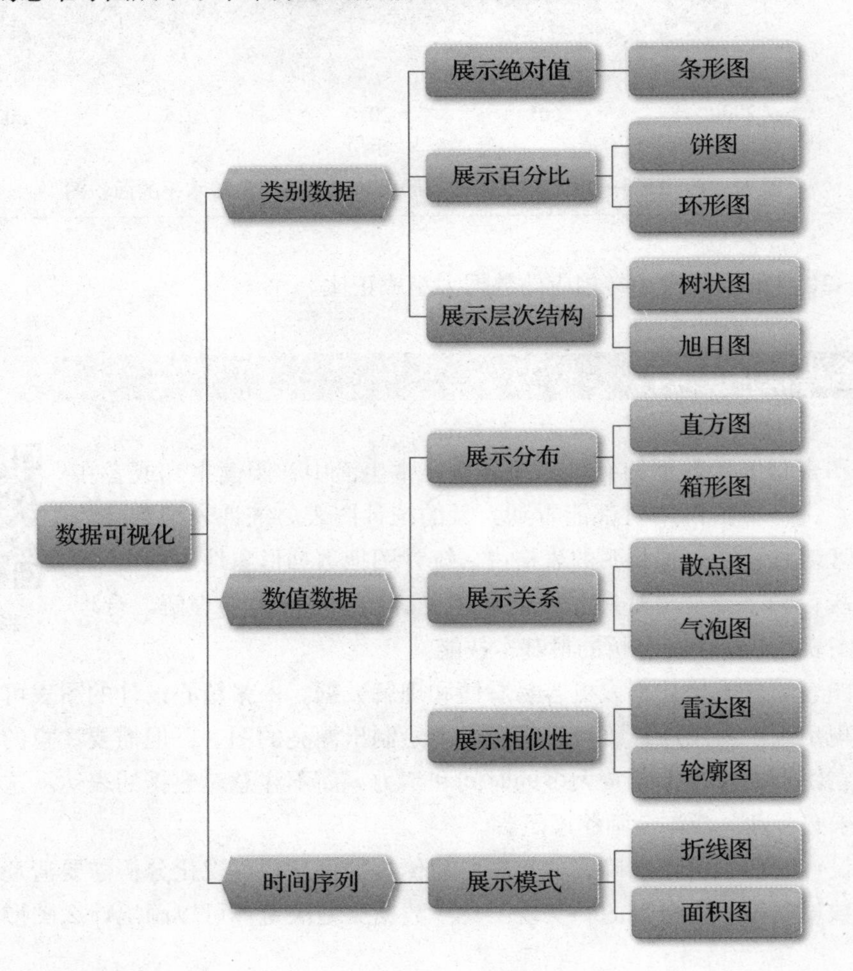

思考与练习

一、思考题

1. 帕累托图与简单条形图有何不同?
2. 直方图的主要用途是什么?它与条形图有什么区别?
3. 饼图与环形图有什么不同?
4. 树状图和旭日图的主要用途是什么?
5. 雷达图和轮廓图的主要用途是什么?
6. 使用图表时应注意哪些问题?

二、练习题

1. 为研究不同地区的消费者对网上购物的满意度,随机抽取东部、中部和西部的1 000个消费者进行调查,得到的结果如下表所示。

满意度	东部	中部	西部	总计
非常满意	82	93	83	258
比较满意	72	52	76	200
一般	137	120	91	348
不满意	51	35	37	123
非常不满意	28	25	18	71
总计	370	325	305	1 000

绘制以下图形并进行分析:

(1)根据东部地区的满意度数据,绘制简单条形图、帕累托图、瀑布图、漏斗图和饼图。

(2)根据东部地区和西部地区的满意度数据,绘制簇状条形图、堆积条形图和环形图。

(3)根据东部、中部和西部地区的满意度数据,绘制百分比条形图。

(4)根据东部、中部和西部地区的满意度数据,绘制树状图和旭日图。

(5)根据东部、中部和西部地区的满意度数据,绘制雷达图和轮廓图。

2. 下面是随机调查的40名学生及其父母的身高数据(单位:cm)。

子女身高	父亲身高	母亲身高	子女身高	父亲身高	母亲身高
171	166	158	155	165	157
174	171	158	161	182	165
177	179	168	166	166	156
178	174	160	170	178	160
180	173	162	158	173	160

续表

子女身高	父亲身高	母亲身高	子女身高	父亲身高	母亲身高
181	170	160	160	170	165
159	168	153	160	171	150
169	168	153	162	167	158
170	170	167	165	175	160
170	170	160	168	172	162
175	172	160	170	168	163
175	175	165	153	163	152
178	174	160	156	168	155
173	170	160	158	174	155
181	178	165	160	170	162
164	175	161	162	170	158
167	163	166	163	173	160
168	168	155	165	172	161
170	170	160	166	181	158
170	172	158	170	180	165

（1）绘制子女身高的直方图，分析其分布特征。

（2）绘制子女身高、父亲身高和母亲身高的箱形图，分析其分布特征。

（3）分别绘制子女身高与父亲身高和母亲身高的散点图，说明它们之间的关系。

（4）以子女身高作为气泡大小，绘制气泡图，分析子女身高与父亲身高和母亲身高的关系。

3. 下表是2011—2020年我国的居民消费价格指数和工业生产者出厂价格指数数据，绘制折线图和面积图分析二者的变化特征。

年份	居民消费价格指数(上年=100)	工业生产者出厂价格指数(上年=100)
2011	105.4	106.0
2012	102.6	98.3
2013	102.6	98.1
2014	102.0	98.1
2015	101.4	94.8
2016	102.0	98.6
2017	101.6	106.3
2018	102.1	103.5
2019	102.9	99.7
2020	102.5	98.2

第 4 章 数据的描述分析

学习目标

- 掌握各描述统计量的特点和应用场合。
- 使用 R 函数计算各描述统计量。
- 利用各统计量分析数据并能对结果进行合理解释。

课程思政目标

- 数据的描述性分析主要是利用各种统计量来概括数据的特征。描述性分析中，要根据各统计量的特点和应用条件进行合理使用和分析。
- 描述性分析要结合我国的宏观经济和社会数据，分析社会和经济发展的成就和公平与合理程度，避免以偏概全等不恰当应用。

如果你有一个班级 50 名学生的考试分数数据，利用图表可以对考试分数分布的形状和特征有一个大致的了解，但仅仅知道这些还不够。如果你知道全班学生的平均考试成绩是 80 分，标准差是 10 分，这时就会对全班的学习情况有一个概括性的了解。这里的平均数和标准差就是描述数据数值特征的统计量[①]。数据的描述分析就是利用统计量来概括数据的特征。对于一组数据，描述分析通常需要从三个角度同时进行：一是数据水平的描述，反映数据的集中程度；二是数据差异的描述，反映各数据的离散程度；三是数据分布形状的描述，反映数据分布的偏度和峰度。本章介绍各描述统计量的特点和应用场合，并结合 Excel 函数和数据分析工具进行分析。

① 有关统计量的详细解释见第 5 章。

4.1 数据水平的描述

数据的水平是指其取值的大小。描述数据的水平也就是找到一组数据中心点所在的位置，用它来代表这一组数据，这就是数据的概括性度量。描述数据水平的统计量主要有平均数、分位数和众数等。

4.1.1 平均数

平均数（average）也称**均值**（mean），它是一组数据相加后除以数据的个数得到的结果。平均数是分析数据水平的常用统计量，在参数估计和假设检验中也经常用到。

设一组样本数据为 $x_1, x_2, \cdots, x_n$，样本量（样本数据的个数）为 n，则样本平均数用 $\bar{x}$（读作 x-bar）表示，计算公式为[①]：

$$\bar{x}=\frac{x_1+x_2+\cdots+x_n}{n}=\frac{\sum_{i=1}^{n} x_i}{n} \tag{4.1}$$

式（4.1）也称为**简单平均数**（simple average）。

例 4-1（数据：example4_1）随机抽取 30 名大学生，得到他们在“双十一”期间的网购金额数据如表 4-1 所示。计算 30 名大学生的平均网购金额。

表 4-1　30 名大学生的网购金额　（单位：元）

479.0	721.2	672.4	728.7	443.2	381.3
527.0	500.0	586.0	500.0	528.2	633.8
705.9	423.5	590.1	353.6	447.4	565.3
557.1	481.3	561.1	620.1	477.1	436.2
562.9	505.1	515.4	502.7	487.5	675.4

解 根据式（4.1）有：

$$\bar{x}=\frac{479.0+721.2+\cdots+487.5+675.4}{30}=\frac{16\ 168.5}{30}=538.95 \text{（元）}$$

使用 R 的 mean 函数可以计算平均数，代码和结果如代码框 4-1 所示。

代码框 4-1　计算 30 名大学生网购金额的平均数

```
> example4_1<-read.csv("C:/Rdata/example/chap04/example4_1.csv")
> mean(example4_1$ 网购金额 )
```

① 如果有总体的全部数据 $x_1, x_2, \cdots, x_N$，总体均数用 μ 表示，其计算公式为：$\mu=\frac{x_1+x_2+\cdots+x_N}{N}=\frac{\sum_{i=1}^{N} x_i}{N}$。

```
[1] 538.95
```

注：函数 mean(x,trim=0,na.rm=FALSE,...) 用于计算平均数。参数 x 为向量；trim 的取值在 0~0.5 之间，用于计算修整平均数，比如 trim=0.1 表示在计算平均数前，先将数据排序，然后分别去掉前面 10% 的数据和后面 10% 的数据，用剩余的数据计算平均数。更多信息可查看帮助。

如果样本数据被分成 k 组，各组的组中值（一个组中的中间值，即组的下限值与上限值的平均数）分别用 $m_1,m_2,\cdots,m_k$ 表示，各组的频数分别用 $f_1,f_2,\cdots,f_k$ 表示，则样本平均数的计算公式为：

$$\bar{x}=\frac{m_1f_1+m_2f_2+\cdots+m_kf_k}{f_1+f_2+\cdots+f_k}=\frac{\sum_{i=1}^{k}m_if_i}{n} \tag{4.2}$$

式（4.2）也称为**加权平均数**（weighted average）①。

例 4－2（数据：example4_2）假定将表 4－1 的数据分成组距为 50 的组，分组结果如表 4－2 所示，计算网购金额的平均数。

表 4－2　30 名大学生网购金额的分组表

分组	组中值	人数
350 ～ 400	375	2
400 ～ 450	425	4
450 ～ 500	475	4
500 ～ 550	525	7
550 ～ 600	575	6
600 ～ 650	625	2
650 ～ 700	675	2
700 ～ 750	725	3
合计	—	30

① 如果总体数据被分成 k 组，各组的组中值分别用 $M_1,M_2,\cdots,M_k$ 表示，各组数据出现的频数分别用 $f_1,f_2,\cdots,f_k$ 表示，则总体加权平均数的计算公式为：$\mu=\frac{M_1f_1+M_2f_2+\cdots+M_kf_k}{f_1+f_2+\cdots+f_k}=\frac{\sum_{i=1}^{k}M_if_i}{N}$。

解 计算过程见表 4-3。

表 4-3 30 名大学生网购金额的加权平均数计算表

分组	组中值（m_i）	人数（f_i）	$m_i \times f_i$
350 ～ 400	375	2	750
400 ～ 450	425	4	1 700
450 ～ 500	475	4	1 900
500 ～ 550	525	7	3 675
550 ～ 600	575	6	3 450
600 ～ 650	625	2	1 250
650 ～ 700	675	2	1 350
700 ～ 750	725	3	2 175
合计	—	30	16 250

根据式（4.2）得：

$$\bar{x}=\frac{\sum_{i=1}^{k}m_i f_i}{n}=\frac{16\,250}{30}=541.666\,7\text{（元）}$$

使用 R 的 weighted.mean 函数可以计算加权平均数，代码和结果如代码框 4-2 所示。

代码框 4-2 计算 30 名大学生网购金额的加权平均数

```
> example4_2<-read.csv("C:/Rdata/example/chap04/example4_2.csv")
> weighted.mean(example4_2$组中值,example4_2$人数)
[1] 541.6667
```

注：函数 weighted.mean(x,w,...) 用于计算加权平均数，参数 x 为计算加权平均数的对象；w 为相应的权数向量。更多信息可查看帮助。

4.1.2 分位数

一组数据按从小到大排序后，找出排在某个位置上的数值，并用该数值可以代表数据水平的高低，这些位置上的数值称为**分位数**（quantile），其中有中位数、四分位数、百分位数等。

1. 中位数

中位数（median）是一组数据排序后处在中间位置上的数值，用 Me 表示。中位数是用一个点将全部数据等分成两部分，每部分包含 50% 的数据，一部分数据比中位数大，另一部分比中位数小。中位数是用中间位置上的值代表数据的水平，其特点是不受极端值的影响，在研究收入分配时很有用。

计算中位数时，要先对 n 个数据从小到大进行排序，然后确定中位数的位置，最后确定中位数的具体数值。如果位置是整数值，中位数就是该位置所对应的数值；如果位置是整数加 0.5 的数值，中位数就是该位置两侧值的平均值。

设一组数据 $x_1, x_2, \cdots, x_n$ 按从小到大排序后为 $x_{(1)}, x_{(2)}, \cdots, x_{(n)}$，则中位数就是 $(n+1)/2$ 位置上的值。计算公式为：

$$M_e = \begin{cases} x_{\left(\frac{n+1}{2}\right)} & n\text{为奇数} \\ \dfrac{1}{2}\left\{x_{\left(\frac{n}{2}\right)} + x_{\left(\frac{n}{2}+1\right)}\right\} & n\text{为偶数} \end{cases} \tag{4.3}$$

例 4－3 （数据：example4_1）沿用例 4－1。计算 30 名大学生网购金额的中位数。

解 首先，将 30 名大学生的网购金额数据排序，然后确定中位数的位置：$(30+1)\div 2 = 15.5$，中位数是排序后的第 15.5 位置上的数值，即中位数在第 15 个数值（515.4）和第 16 个数值（527.0）中间（0.5）的位置上。因此该中位数 $= (515.4+527.0)/2 = 521.2$。

使用 R 的 median 函数可以计算中位数，代码和结果如代码框 4－3 所示。

代码框 4－3　计算 30 名大学生网购金额的中位数

```
> example4_1<-read.csv("C:/Rdata/example/chap04/example4_1.csv")
> median(example4_1$网购金额)
[1] 521.2
```

2. 四分位数

四分位数（quartile）是一组数据排序后处于 25% 和 75% 位置上的数值。它是用 3 个点将全部数据等分为 4 部分，其中每部分包含 25% 的数据。很显然，中间的四分位数就是中位数，因此通常所说的四分位数是指处在 25% 位置上和处在 75% 位置上的两个数值。

与中位数的计算方法类似，计算四分位数时，首先对数据进行排序，然后确定四分位数所在的位置，该位置上的数值就是四分位数。与中位数不同的是，四分位数位置的确定方法有多种（R 提供了 9 种算法，函数默认算法为 type = 7），每种方法得到的结果可能会有一定差异，但差异不会很大（一般相差不会超过一个位次）。由于不同软件使用的计算方法可能不一样，因此，对同一组数据用不同软件得到的四分位数结果也可能会有所差异，但通常不会影响分析的结论。

设 25% 位置上的四分位数为 $Q_{25\%}$，75% 位置上的四分位数为 $Q_{75\%}$，R 默认的计算四分位数位置的公式为：

$$Q_{25\%}\text{位置} = \frac{n+3}{4},\quad Q_{75\%}\text{位置} = \frac{3n+1}{4} \tag{4.4}$$

如果位置是整数，四分位数就是该位置对应的数值；如果是在整数加 0.5 的位置上，则取该位置两侧数值的平均数；如果是在整数加 0.25 或 0.75 的位置上，则四分位数等于该位置前面的数值加上按比例分摊的位置两侧数值的差值。

例 4－4 （数据：example4_1）沿用例 4－1。计算 30 名大学生网购金额的四分位数。

解 先对 30 个数据从小到大进行排序，然后计算出四分位数的位置：

$$Q_{25\%}\text{位置}=\frac{30+3}{4}=8.25,\quad Q_{75\%}\text{位置}=\frac{3\times30+1}{4}=22.75$$

$Q_{25\%}$ 在第 8 个数值（479.0）和第 9 个数值（481.3）之间 0.25 的位置上，故

$$Q_{25\%}=479.0+0.25\times(481.3-479.0)=479.575$$

$Q_{75\%}$ 在第 22 个数值（586.0）和第 23 个数值（590.1）之间 0.75 的位置上，故

$$Q_{75\%}=586.0+0.75\times(590.1-586.0)=589.075$$

由于在 $Q_{25\%}$ 和 $Q_{75\%}$ 之间大约包含了 50% 的数据。就上面 30 名大学生的网购金额而言，可以说大约有一半大学生的网购金额在 479.575 元和 589.075 元之间。

使用 R 的 quantile 函数可以计算四分位数，代码和结果如代码框 4－4 所示。

代码框 4－4　计算 30 名大学生网购金额的四分位数

```
> example4_1<-read.csv("C:/Rdata/example/chap04/example4_1.csv")
> quantile(example4_1$ 网购金额 ,probs=c(0.25,0.75),type=7)
    25%        75%
479.575  589.075
```

注：函数 quantile(x,probs,type, ...) 用于计算数据 x 的分位数，probs 为分位数向量，type 指定计算分位数用的方法，函数默认算法是 type=7（即式（4.4）的算法）。各种方法的具体形式请参阅帮助。

3. 百分位数

百分位数（percentile）是用 99 个点将数据分成 100 等分，处于各分位点上的数值就是百分位数。百分位数提供了各项数据在最小值和最大值之间分布的信息。

与四分位数类似，百分位数也有多种算法，每种算法的结果不尽相同，但差异不会很大。设 $P_{i\%}$ 为第 i 个百分位数，R 默认的第 i 个百分位数的位置公式为：

$$P_{i\%}\text{位置}=\frac{i}{100}\times(n-1)\tag{4.5}$$

如果位置是整数，百分位数就是该位置对应的数值；如果位置不是整数，百分位数等于该位置前面的数值加上按比例分摊的位置两侧数值的差值。显然，中位数就是第 50 个百分位数 $P_{50\%}$，$Q_{25\%}$ 和 $Q_{75\%}$ 就是第 25 个百分位数 $P_{25\%}$ 和第 75 个百分位数 $P_{75\%}$。

例 4－5 （数据：example4_1）沿用例 4－1。计算 30 名大学生网购金额的第 5 个和第 90 个百分位数。

解 先对 30 个数据从小到大进行排序，然后计算出百分位数的位置。根据式（4.5），

第 5 个百分位数的位置为：

$$P_{5\%}位置=\frac{5}{100}\times(30-1)=1.45$$

Excel 将排序后的第 1 个数值位置设定为 0，最后一个数值位置设定为 1。因此，第 5 个百分位数在第 2 个值（381.3）和第 3 个值（423.5）之间 0.45 的位置上，因此 $P_{5\%}=381.3+0.45\times(423.5-381.3)=400.29$。

第 90 个百分位数的位置为：

$$P_{90\%}位置=\frac{90}{100}\times(30-1)=26.1$$

因此，第 90 个百分位数在第 27 个值（675.4）和第 28 个值（705.9）之间 0.1 的位置上，因此 $P_{5\%}=675.4+0.1\times(705.9-675.4)=678.45$。

使用 R 的 quantile 函数可以计算百分位数，代码和结果如代码框 4-5 所示。

代码框 4-5　计算 30 名大学生网购金额的百分位数

```
> example4_1<-read.csv("C:/Rdata/example/chap04/example4_1.csv")
> quantile(example4_1$ 网购金额 ,probs=c(0.05,0.9),type=7)
    5%     90%
400.29  678.45
```

注：函数 quantile(x,probs,type, ...) 用于计算数据 x 的分位数，probs 为分位数向量，type 指定计算分位数用的方法，函数默认算法是 type=7（即式（4.5）的算法）。各种方法的具体形式请参阅帮助。

4.1.3　众数

众数（mode）是一组数据中出现频数最多的数值，用 M_0 表示。众数主要用于描述类别数据的频数，通常不用于数值数据。比如，赞成的人数为 100，反对的人数为 30，保持中立的人数为 70，众数就是“赞成”。对于数值数据，只有在数据量较大时众数才有意义。从数值数据分布的角度看，众数是一组数据分布的峰值点所对应的数值。如果数据的分布没有明显的峰值，众数也可能不存在；如果有两个或多个峰值，也可以有两个或多个众数。

例 4-6（数据：example4_1）沿用例 4-1。计算 30 名大学生网购金额的众数。

解 使用 DescTools 包中的 Mode 函数可以计算一组数据的众数，代码和结果如代码框 4-6 所示。

代码框 4-6　计算 30 名大学生网购金额的众数

```
> example4_1<-read.csv("C:/Rdata/example/chap04/example4_1.csv")
> library(DescTools)
> Mode(example4_1$ 网购金额 )
```

```
[1] 500
attr(,"freq")
[1] 2
```

注：函数 Mode(x, na.rm = FALSE) 用于返回向量 x 的众数。默认 na.rm = FALSE，表示不剔除数据中的缺失值。当数据集中有多个众数时，函数返回多个众数；当数据集中没有众数时，函数返回所有观测值。更多信息可查看帮助。

代码框 4－6 返回的众数为 500，返回众数的频数为 2，即众数值共有 2 个。

平均数、分位数和众数是描述数据水平的几个主要统计量，实际应用中，用哪个统计量来代表一组数据的水平，取决于数据的分布特征。平均数易被多数人理解和接受，实际中用得也较多，但其缺点是易受极端值的影响。当数据的分布对称或偏斜程度不是很大时，可选择使用平均数。对于严重偏斜分布的数据，平均数的代表性较差。由于中位数不受极端值的影响，因此，当数据分布的偏斜程度较大时，可以考虑选择中位数，这时它的代表性要比平均数好。

4.2 数据差异的描述

假定有甲、乙两个地区，甲地区的年人均收入为 30 000 元，乙地区的年人均收入为 25 000 元。你如何评价两个地区的收入状况？如果年平均收入的多少代表了该地区的生活水平，你能否认为甲地区所有人的平均生活水平就高于乙地区呢？要回答这些问题，首先需要弄清楚这里的平均收入是否能代表大多数人的收入水平。如果甲地区有少数几个富翁，而大多数人的收入都很低，虽然平均收入很高，但多数人生活水平仍然很低。相反，如果乙地区多数人的收入水平都在 25 000 元左右，虽然平均收入看上去不如甲地区，但多数人的生活水平却比甲地区高，原因是甲地区的收入离散程度大于乙地区。这个例子表明，仅仅知道数据取值的大小是不够的，还必须考虑数据之间的差异有多大。数据之间的差异就是数据的离散程度。数据的离散程度越大，各水平统计量对该组数据的代表性就越差；离散程度越小，其代表性就越好。

描述数据离散程度的统计量主要有极差、四分位差、方差和标准差以及测度相对离散程度的离散系数等。

4.2.1 极差和四分位差

1. 极差

极差（range）是一组数据的最大值与最小值之差，也称全距，用 R 表示。计算公式为：

$$R=\max(x)-\min(x) \tag{4.6}$$

由于极差只是利用了一组数据两端的信息，容易受极端值的影响，不能全面反映数据的差异状况，在实际中很少单独使用，它通常是作为分析数据离散程度的一个参考值。

2. 四分位差

四分位差也称四分位距（inter-quartile range），它是一组数据75%位置上的四分位数与25%位置上的四分位数之差，也就是中间50%数据的极差。用*IQR*表示四分位差，计算公式为：

$$IQR = Q_{75\%} - Q_{25\%} \tag{4.7}$$

四分位差反映了中间50%数据的离散程度；其数值越小，说明中间的数据越集中，数值越大，说明中间的数据越分散。四分位差不受极值的影响。此外，由于中位数处于数据的中间位置，因此，四分位差的大小在一定程度上也说明了中位数对一组数据的代表程度。

例4－7（数据：example4_1. csv）沿用例4－1。计算30名大学生网购金额的极差和四分位差。

解 计算极差和四分位差的R代码和结果如代码框4－7所示。

代码框4－7 计算30名大学生网购金额的极差和四分位差

```
# 计算极差
> example4_1<-read.csv("C:/Rdata/example/chap04/example4_1.csv")
> R<-max(example4_1$ 网购金额 )-min(example4_1$ 网购金额 );R
[1] 375.1

# 或
> R<-diff(range(example4_1$ 网购金额 ));range
# range 函数用于计算数据范围（最大值，最小值），diff 函数用于计算差值
[1] 375.1

# 计算四分位差
> IQR(example4_1$ 网购金额 ,type=7)
[1] 109.5
```

4.2.2 方差和标准差

如果考虑每个数据 x_i 与其平均数 $\bar{x}$ 之间的差异，以此作为一组数据离散程度的度量，结果就要比极差和四分位差更为全面和准确。这就需要求出每个数据 x_i 与其平均数 $\bar{x}$ 离差的平均数。但由于 $(x_i - \bar{x})$ 之和等于0，需要进行一定的处理。一种方法是将离差取绝对值，求和后再平均，这一结果称为**平均差**（mean deviation）或称**平均绝对离差**（mean absolute deviation）；另一种方法是将离差平方后再求平均数，这一结果称为**方差**

(variance)。方差开方后的结果称为**标准差**(standard deviation)。方差(或标准差)是实际中应用最广泛的测度数据离散程度的统计量。

设样本方差为s^2,根据原始数据计算样本方差的公式为:

$$s^2=\frac{\sum_{i=1}^{n}(x_i-\bar{x})^2}{n-1} \tag{4.8}$$

样本标准差的计算公式为:

$$s=\sqrt{\frac{\sum_{i=1}^{n}(x_i-\bar{x})^2}{n-1}} \tag{4.9}$$

如果原始数据被分成k组,各组的组中值分别为$m_1,m_2,\cdots,m_k$,各组的频数分别为$f_1,f_2,\cdots,f_k$,则加权样本方差的计算公式为①:

$$s^2=\frac{\sum_{i=1}^{k}(m_i-\bar{x})^2f_i}{n-1} \tag{4.10}$$

加权样本标准差的计算公式为:

$$s=\sqrt{\frac{\sum_{i=1}^{k}(m_i-\bar{x})^2f_i}{n-1}} \tag{4.11}$$

与方差不同的是,标准差具有量纲,它与原始数据的计量单位相同,其实际意义要比方差清楚。因此,在对实际问题进行分析时通常使用标准差。

例 4-8 (数据:example4_1. csv)沿用例 4-1。计算 30 名大学生网购金额的方差和标准差。

解 根据式(4.8)得:

$$s^2=\frac{(479.0-538.95)^2+(721.2-538.95)^2+\cdots+(675.4-538.95)^2}{30-1}=9\,529.681$$

标准差为:$\sqrt{9\,529.68}=97.620\,09$。结果表示每个学生的网购金额与平均数相比平均相差 97.620 09 元。

使用 var 函数可以计算一组数据的方差,使用 sd 函数可以计算一组数据的标准

---

① 对于总体的N个数据,总体方差(population variance)用σ^2表示,计算公式为$\sigma^2=\frac{\sum_{i=1}^{N}(x_i-\mu)^2}{N}$。对于分组数据,总体加权方差的计算公式为$\sigma^2=\frac{\sum_{i=1}^{k}(M_i-\mu)^2f_i}{N}$。开平方后即得到总体的加权标准差。注意:总体方差通常是不知道的,都是用样本方差s^2来推断的。

差，代码和结果如代码框 4－8 所示。

代码框 4－8 计算 30 名大学生网购金额的方差和标准差

```
# 计算方差
> example4_1<-read.csv("C:/Rdata/example/chap04/example4_1.csv")
> var(example4_1$ 网购金额 )
[1] 9529.681

# 计算标准差
> sd(example4_1$ 网购金额 )
[1] 97.62009
```

如果是分组数据，则需要计算加权方差或标准差。

例 4－9 （数据：example4_2. csv）沿用例 4－2。根据表 4－2 的分组数据，计算 30 名大学生网购金额的加权标准差。

解 根据例 4－2 计算的平均数为 541.666 7 。标准差计算过程见表 4－4。

表 4－4 30 名大学生网购金额分组数据的加权标准差计算表

分组	组中值（m_i）	人数（f_i）	$(m_i-\bar{x})^2$	$(m_i-\bar{x})^2 f$
350 ～ 400	375	2	27 777.79	55 555.58
400 ～ 450	425	4	13 611.12	54 444.48
450 ～ 500	475	4	4 444.45	17 777.80
500 ～ 550	525	7	277.78	1 944.45
550 ～ 600	575	6	1 111.11	6 666.65
600 ～ 650	625	2	6 944.44	13 888.88
650 ～ 700	675	2	17 777.77	35 555.54
700 ～ 750	725	3	33 611.10	100 833.30
合计	—	30	105 555.55	286 666.67

根据式（4.11）得：

$$s=\sqrt{\frac{\sum_{i=1}^{k}(m_i-\bar{x})^2 f_i}{n-1}}=\sqrt{\frac{286\,666.67}{30-1}}=99.423\,6$$

计算加权标准差的 R 代码和结果如代码框 4－9 所示。

代码框 4-9　计算 30 名大学生网购金额的加权标准差

```
> example4_2<-read.csv("C:/Rdata/example/chap04/example4_2.csv")
> wm<-weighted.mean(example4_2$组中值,example4_2$人数)          #计算加权平均数
> sumd<-sum((example4_2$组中值-wm)^2*example4_2$人数)           #计算加权离差平方和
> sqrt(sumd/(sum(example4_2$人数)-1))                           #计算标准差

[1] 99.42363
```

4.2.3 离散系数

标准差是反映数据离散程度的绝对值，其数值的大小受原始数据取值大小的影响，数据的观测值越大，标准差的值通常也就越大。此外，标准差与原始数据的计量单位相同，采用不同计量单位计量的数据，其标准差的值也就不同。因此，对于不同组别的数据，如果原始数据的观测值相差较大或计量单位不同，就不能用标准差直接比较其离散程度，这时需要计算离散系数。

离散系数（coefficient of variation，CV）也称变异系数，它是一组数据的标准差与其相应的平均数之比，其计算公式为：

$$CV=\frac{s}{\bar{x}} \tag{4.12}$$

离散系数消除了数据取值大小和计量单位对标准差的影响，因而可以反映一组数据的相对离散程度，它主要用于比较不同样本数据的离散程度，离散系数大的说明数据的相对离散程度也就大，离散系数小的说明数据的相对离散程度也就小[①]。

例 4-10（数据：example4_10. csv）为分析不同行业上市公司每股收益的差异，在互联网服务行业和机械制造行业各随机抽取 10 家上市公司，得到某年度的每股收益数据如表 4-5 所示。比较两类上市公司每股收益的离散程度。

表 4-5　不同行业上市公司的每股收益　（单位：元）

互联网公司	机械制造公司
0.32	0.68
0.47	0.43
0.89	0.28
0.97	0.03
0.87	0.42
1.09	0.24
0.73	0.66

① 当平均数接近 0 时，离散系数的值趋于无穷大，此时必须慎重解释。

续表

互联网公司	机械制造公司
0.96	0.29
0.96	0.02
0.63	0.59

解 计算离散系数的R代码和结果如代码框4－10所示。

代码框4－10 计算不同行业上市公司每股收益的离散系数

```
# 计算平均数、标准差和变异系数
> example4_10<-read.csv("C:/Rdata/example/chap04/example4_10.csv")
> mean<-apply(example4_10,2,mean)                    # 按列计算平均数
> sd<-apply(example4_10,2,sd)                        # 按列计算标准差
> cv<-sd/mean                                        # 计算离散系数
> df<-data.frame( 平均环数 =mean, 标准差 =sd, 变异系数 =cv) # 构建数据框
> round(df,4)                                        # 结果保留4位小数
           平均环数  标准差 变异系数
互联网公司    0.789 0.2470 0.3131
机械制造公司  0.364 0.2366 0.6500
```

代码框4－10的结果显示，虽然互联网公司每股收益的标准差大于机械制造公司，但离散系数却小于机械制造公司，表明互联网公司每股收益的离散程度小于机械制造公司。

4.2.4 标准分数

有了平均数和标准差之后，可以计算一组数据中每个数值的**标准分数**（standard score）。它是某个数据与其平均数的离差除以标准差后的值。设样本数据的标准分数为z，则有：

$$z_i=\frac{x_i-\bar{x}}{s} \tag{4.13}$$

标准分数可以测度每个数值在该组数据中的相对位置，并可以用它来判断一组数据是否有离群点。比如，全班的平均考试分数为80分，标准差为10分，而你的考试分数是90分，距离平均分数有多远？显然是1个标准差的距离。这里的1就是你考试成绩的标准分数。标准分数说的是某个数据与平均数相比相差多少个标准差。

将一组数据转化为标准化得分的过程称为数据的标准化。式（4.13）也就是统计上常用的标准化公式，在对多个具有不同量纲的变量进行处理时，常常需要对各变量的数据进行标准化处理，也就是把一组数据转化成具有平均数为0、标准差为1的新的数据。

实际上，标准分数是将多个不同的变量统一成一种尺度，由于它只是将原始数据进行了线性变换，它并没有改变某个数值在该组数据中的位置，也没有改变该组数据分布的形状。

例 4-11 （数据：example4_1.csv）沿用例 4-1。计算 30 名大学生网购金额的标准分数。

解 根据前面的计算结果，$\bar{x}=538.95$，$s=97.62$。以第 1 个大学生的标准分数为例，由式（4.13）得：

$$z=\frac{479.0-538.95}{97.62}=-0.614\ 1$$

结果表示，第 1 个大学生的网购金额比平均网购金额低 0.614 1 个标准差。

使用 R 的 scale 函数可以计算标准分数，代码和结果如代码框 4-11 所示。

代码框 4-11 计算 30 名大学生网购金额的标准分数

```
> example4_1<-read.csv("C:/Rdata/example/chap04/example4_1.csv")
> as.vector(round(scale(example4_1$ 网购金额 ),4))
 [1]  -0.6141  -0.1224   1.7102   0.1859   0.2453   1.8669
 [7]  -0.3990  -1.1826  -0.5906  -0.3468   1.3670   0.4820
[13]   0.5240   0.2269  -0.2412   1.9438  -0.3990  -1.8987
[19]   0.8313  -0.3713  -0.9808  -0.1101  -0.9378  -0.6336
[25]  -0.5270  -1.6149   0.9716   0.2699  -1.0525   1.3978
```

注：scale 函数用于计算标准分数，round 将结果保留 4 位小数，as.vector 函数将结果以向量形式输出。

根据标准分数可以判断一组数据中是否存在**离群点**（outlier）。离群点是指一组数据中远离其他值的点。经验表明：当一组数据对称分布时，约有 68.26% 的数据在平均数加减 1 个标准差的范围之内；约有 95.44% 的数据在平均数加减 2 个标准差的范围之内；约有 99% 的数据在平均数加减 3 个标准差的范围之内。可以想象，一组数据中低于或高于平均数 3 倍标准差的数值是很少的，也就是说，在平均数加减 3 个标准差的范围内几乎包含了全部数据，而在 3 个标准差之外的数据在统计上也称为离群点。例如，由表 4-7 可知，30 个学生的网购金额都在平均数加减 3 个标准差的范围内（标准分数的绝对值均小于 3），没有离群点。

4.3 数据分布形状的描述

利用直方图可以看出数据的分布是否对称以及偏斜的方向，但要想知道不对称程度则需要计算相应的描述统计量。偏度系数和峰度系数就是对分布不对称程度和峰值高低的一种度量。

4.3.1 偏度系数

偏度（skewness）是指数据分布的不对称性，这一概念由统计学家 K. Pearson 于 1895 年首次提出。测度数据分布不对称性的统计量称为**偏度系数**（coefficient of skewness），记为 SK。

偏度系数有不同的计算方法，R 中也有多个函数可以计算偏度系数，如使用 e1071 包和 agricolae 包中的 skewness 函数、DescTools 包中的 Skew 函数等。其中，e1071 包中的 skewness 函数的算法 2（默认 type=3）给出的计算公式为：

$$SK=\frac{n}{(n-1)(n-2)}\sum\left(\frac{x-\bar{x}}{s}\right)^3 \tag{4.14}$$

式（4.14）也是 python 的 pandas 模块中 DataFrame.skew 函数、SPSS、SAS、Excel 等的默认算法。

当数据为对称分布时，偏度系数等于 0。偏度系数越接近 0，偏斜程度越低，就越接近对称分布。如果偏度系数明显不同于 0，表示分布是非对称的。若偏度系数大于 1 或小于 −1，视为严重偏斜分布；若偏度系数在 0.5～1 或 −1～−0.5，视为中等偏斜分布；若偏度系数小于 0.5 或大于 −0.5，视为轻微偏斜。其中负值表示左偏分布（在分布的左侧有长尾），正值则表示右偏分布（在分布的右侧有长尾）。

4.3.2 峰度系数

峰度（kurtosis）是指数据分布峰值的高低，这一概念由统计学家 K.Pearson 于 1905 年首次提出。测度一组数据分布峰值高低的统计量称为**峰度系数**（coefficient of kurtosis），记作 K。峰度系数也有不同的计算方法，使用 e1071 包和 agricolae 包中的 kurtosis 函数、DescTools 包中的 Kurt 函数等均可以计算峰度系数。其中，e1071 包中的 kurtosis 函数的算法 2（默认 type=3）给出的计算公式为：

$$K=\frac{n(n+1)}{(n-1)(n-2)(n-3)}\sum\left(\frac{x_i-\bar{x}}{s}\right)^4-\frac{3(n-1)^2}{(n-2)(n-3)} \tag{4.15}$$

峰度通常是与标准正态分布相比较而言。由于标准正态分布的峰度系数为 0，当 $K>0$ 时为尖峰分布，数据分布的峰值比标准正态分布高，数据相对集中；当 $K<0$ 时为扁平分布，数据分布的峰值比标准正态分布低，数据相对分散。

例 4－12（数据：example4_1. csv）沿用例 4－1。计算 30 名大学生网购金额的偏度系数和峰度系数。

解 根据式（4.14）得偏度系数为：

$$SK=\frac{30}{(30-1)(30-2)}\sum\left(\frac{x_i-538.95}{97.62}\right)^3=\frac{30}{(30-1)(30-2)}\times 9.217\,966=0.340\,6$$

结果表示，网购金额为轻微的右偏，基本上可以看作是对称分布。

根据式（4.15）得峰度系数为：

$$K=\frac{30(30+1)}{(30-1)(30-2)(30-3)}\sum\left(\frac{x_i-538.95}{97.62}\right)^4-\frac{3(30-1)^2}{(30-2)(30-3)}=-0.407\,5$$

结果表示，与标准正态分布相比，网购金额分布的峰值偏低。

使用 e1071 包中的 skewness 函数和 kurtosis 函数计算偏度系数和峰度系数的代码和结果如代码框 4－12 所示。

代码框 4－12　计算 30 名大学生网购金额的偏度系数和峰度系数

```
# e1071 包中的算法
> example4_1<-read.csv("C:/Rdata/example/chap04/example4_1.csv")
> library(e1071)
> skewness(example4_1$ 网购金额 ,type=2) # 计算偏度系数（默认 type=3）
[1] 0.3405653
> kurtosis(example4_1$ 网购金额 ,type=2)  # 计算峰度系数（默认 type=3）
[1] -0.4074716
```

4.4 R 的综合描述函数

描述统计量的计算除了可以用上面介绍的 R 函数外，也可以使用 R 的综合描述函数，这些函数可以一次输出多个描述统计量，以满足综合分析的需要。这里只介绍 pastecs 包中的 stat.desc 函数和 psych 包中的 describe 函数。

例 4－13（数据：example4_10. csv）沿用例 4－10。计算互联网服务行业和机械制造行业上市公司每股盈利的各描述统计量，并进行综合分析。

解 使用 stat.desc 函数和 describe 函数计算各描述统计量的代码和结果如代码框 4－13 所示。

代码框 4－13　汇总输出例 4－10 的多个描述统计量

```
# 使用 pastecs 包中的 stat.desc 函数计算描述统计量
> example4_10<-read.csv("C:/Rdata/example/chap04/example4_10.csv")
> library(pastecs)
> round(stat.desc(example4_10),4)
             互联网公司  机械制造公司
nbr.val        10.0000      10.0000
nbr.null        0.0000       0.0000
```

```
nbr.na        0.0000    0.0000
min           0.3200    0.0200
max           1.0900    0.6800
range         0.7700    0.6600
sum           7.8900    3.6400
median        0.8800    0.3550
mean          0.7890    0.3640
SE.mean       0.0781    0.0748
CI.mean.0.95  0.1767    0.1693
var           0.0610    0.0560
std.dev       0.2470    0.2366
coef.var      0.3131    0.6500
```

注：输出结果中，nbr.val 为样本量；SE.mean 为均值的标准误差（见第 5 章）；CI.mean.0.95 为估计误差（见第 5 章）；std.dev 为标准差；coef.var 为离散系数。

 # 使用 psych 包中的 describe 函数计算描述统计量

```
> library(psych)
> describe(example4_10)
             vars  n mean   sd median trimmed  mad  min  max range  skew kurtosis   se
互联网公司      1 10 0.79 0.25   0.88    0.81 0.18 0.32 1.09  0.77 -0.63    -1.11 0.08
机械制造公司    2 10 0.36 0.24   0.36    0.37 0.26 0.02 0.68  0.66 -0.09    -1.50 0.07
```

注：输出结果中，trimmed 是修整均值（trimmed mean），参数默认修整比例为 0.1，即数据排序后去掉最小的 10% 和最大的 10% 后计算均值。mad 是中位数绝对离差（median absolute deviation），即每个数据与其相应中位数离差的中位数。

代码框 4 - 13 中的结果显示，互联网类上市公司的每股平均盈利高于机械制造类上市公司，虽然从标准差看互联网类上市公司大于机械制造类上市公司，但从离散系数（互联网类上市公司为 0.313 1，机械制造类上市公司为 0.650 0）看，互联网类上市公司每股收益的离散程度却小于机械制造类上市公司。从数据分布的形状来看，两类上市公司的偏度系数均为负值，呈现左偏分布，而且互联网类上市公司每股收益的偏斜程度大于机械制造类上市公司。从分布的峰值看，两类上市公司每股收益的峰值均低于标准正态分布，即呈现扁平状态。

思维导图

下面的思维导图展示了本章的内容框架。

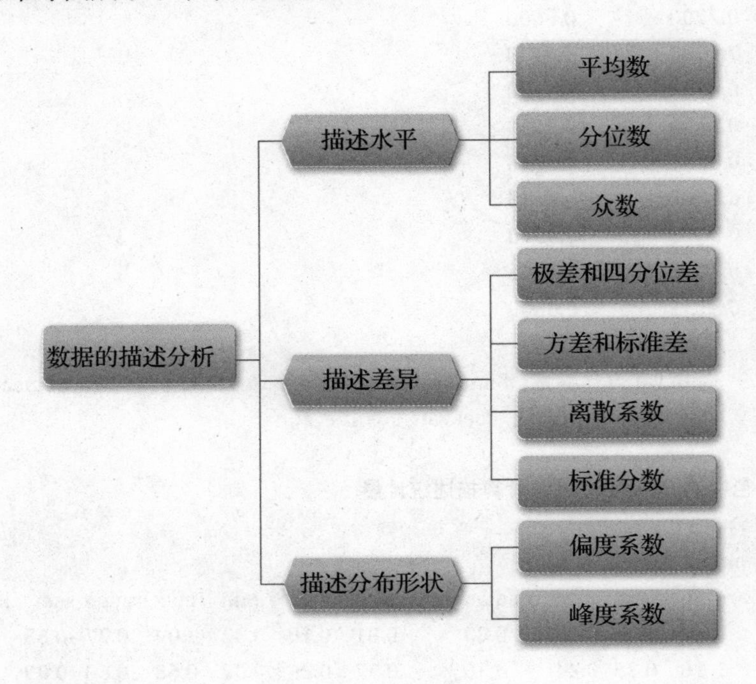

思考与练习

一、思考题

1. 一组数据的数值特征可以从哪几个方面进行描述？
2. 简述平均数和中位数的特点与应用场合。
3. 为什么要计算离散系数？
4. 标准分数有哪些用途？

二、练习题

1. 一家物流公司6月份每天的货物配送量数据如下（单位：万件）。

18.4	23.3	27.3	25.9	24.1	27.1	23.0	24.0	27.3	30.4
27.5	22.2	24.8	22.9	22.9	22.5	20.1	22.7	22.0	25.0
25.0	31.1	26.2	22.4	23.8	29.3	25.9	29.1	25.2	22.7

计算以下统计量，并进行分析。

（1）平均数、中位数、四分位数、第80个百分位数和众数。

（2）极差、四分位差、方差和标准差。

（3）偏度系数和峰度系数。

（4）标准分数。

2. 在某行业中随机抽取 120 家企业，按季度利润额进行分组后结果如下：

按利润额分组（万元）	企业数（个）
3 000 以下	19
3 000 ～ 4 000	30
4 000 ～ 5 000	42
5 000 ～ 6 000	18
6 000 以上	11
合计	120

计算 120 家企业利润额的平均数和标准差（注：第一组和最后一组的组距根据相邻组确定）。

3. 一项关于大学生体重状况的研究发现，男生的平均体重为 60kg，标准差为 5kg；女生的平均体重为 50kg，标准差为 5kg。请回答下面的问题：

（1）是男生的体重差异大还是女生的体重差异大？为什么？

（2）粗略地估计一下，男生中有百分之几的人体重在 55kg ~ 65kg？

（3）粗略地估计一下，女生中有百分之几的人体重在 40kg ~ 60kg？

4. 一家公司在招收职员时，首先要进行两项能力测试。在 A 项测试中，其平均分数是 100 分，标准差是 15 分；在 B 项测试中，其平均分数是 400 分，标准差是 50 分。一位应试者在 A 项测试中得了 115 分，在 B 项测试中得了 425 分。该应试者的哪一项测试更为理想？

5. 一种产品需要人工组装，现有 3 种可供选择的组装方法。为检验哪种方法更好，随机抽取 15 个工人，让他们分别用 3 种方法组装。下面是 15 个工人分别用 3 种方法在相同的时间内组装的产品数量（单位：个）。

方法 A	方法 B	方法 C
164	129	125
167	130	126
168	129	126
165	130	127
170	131	126

续表

方法 A	方法 B	方法 C
165	130	128
164	129	127
168	127	126
164	128	127
162	128	127
163	127	125
166	128	126
167	128	116
166	125	126
165	132	125

计算有关的描述统计量来评价组装方法的优劣。

第 5 章

推断分析基本方法

学习目标

- 了解概率和概率分布的有关概念，掌握正态分布和 t 分布概率和分位数的计算。
- 深入理解统计量分布在推断分析中的作用，理解样本均值的分布与中心极限定理。
- 掌握总体均值和总体比例的区间估计方法。
- 掌握总体均值和总体比例的假设检验方法。
- 使用 R 计算分布的概率和分位数。
- 使用 R 进行估计和检验。

课程思政目标

- 利用概率分布知识，结合实际问题学习概率在社会科学和自然科学领域的应用。
- 结合中心极限定理，深入理解坚持党的领导和走中国特色社会主义道路的必然性。
- 利用参数估计和假设检验原理，针对具体问题能提出合理的假设，并对决策结果做出合理解释，避免主观臆断或乱用 P 值，应将 P 值的使用与树立正确的价值观相结合。

一个水库里有多少鱼，一片原始森林里的木材储蓄量有多少，一批灯泡的平均使用寿命是多少，一批产品的合格率是多少，怎样才能知道这些问题的答案？你不可能把一个水库里的水抽干去称鱼的重量，不可能把森林伐完去量木材有多少，不可能把一批灯泡都用完去计算它的平均使用寿命，也不可能把每一件产品都检测完才知道它的合格率。问题很简单，你只要从中抽出几个样品，根据样品提供的信息去推断就可以了，这就是抽样推断问题。本章将介绍推断的理论依据及推断的基本方法。

5.1 推断的理论基础

推断分析是用样本信息推断总体的特征，其基本方法包括参数估计和假设检验。无论是估计还是检验，做出这种推断所依据的就是样本统计量的概率分布，它是经典统计推断的理论基础。为理解统计量分布的含义，本章首先介绍几个经典的概率分布和样本统计量的抽样分布，然后介绍统计推断的基本方法。

5.1.1 随机变量和概率分布

概率（probability）是对事件发生可能性大小的度量，它是介于0和1之间（含0和1）的一个值。比如天气预报说，明天降水的概率是80%，这里的80%就是对降水这一事件发生的可能性大小的一种数值度量。**概率分布**（probability distribution）是针对随机变量而言的，因此，要理解概率分布，首先需要知道随机变量的概念。

1. 随机变量

在很多领域，研究工作主要是依赖于样本数据，而这些样本数据通常是由某个变量的一个或多个观测值所组成。比如，调查100个消费者，考察他们对饮料的偏好，并记录下喜欢某一特定品牌饮料的人数X；调查一座写字楼，记录下每平方米的出租价格X，等等。这样的一些观察也就是统计上所说的试验。由于记录某次试验结果时事先并不知道X取哪一个值，因此称X为**随机变量**（random variable）。

随机变量是用数值来描述特定试验一切可能出现的结果，它的取值事先不能确定，具有随机性。比如，抛一枚硬币，其结果就是一个随机变量X，因为在抛掷之前并不知道出现的是正面还是反面，若用数值1表示正面朝上，0表示反面朝上，则X可能取0，也可能取1。再比如，抽查50个产品，观察其中的次品数X；国庆长假一个旅游景点的游客人数X；等等。由于X取哪些值以及X取某些值的概率又是多少，事先都是不知道的，因此，次品数和游客人数等都是随机变量。

有些随机变量只能取有限个值，称为**离散型随机变量**（discrete random variable）。有些则可以取一个或多个区间中的任何值，称为**连续型随机变量**（continuous random variable）。将随机变量的取值设想为数轴上的点，每次试验结果对应一个点。如果一个随机变量仅限于取数轴上有限个孤立的点，它就是离散型的；如果一个随机变量是在数轴上的一个或多个区间内取任意值，那么它就是连续型的。比如，在由100个消费者组成的样本中，喜欢某一特定品牌饮料的人数X只能取0，1，2，…，100这些数值之一；检查50件产品，合格品数X的取值可能为0，1，2，3，…，50；一家餐馆营业一天，顾客人数X的取值可能为0，1，2，3，…。这里的X只能取有限的数值，所以称X为离散型随机变量。相反，每平方米写字楼的出租价格X，在理论上可以取大于0到无穷多个数值中的任何一个；检测某产品的使用寿命，产品使用的时间长度X的取值可以为$X \geqslant 0$；某电话用户每次通话时间长度X的取值可以为$X > 0$，这些都是连续型随机变量。

2. 概率分布

就离散型随机变量而言，概率分布描述的是随机变量的取值及其取这些值的相应概率。由于离散型随机变量 X 只取有限个可能的值 $x_1, x_2, \cdots$，而且是以确定的概率取这些值，即 $P(X=x_i)=p_i\ (i=1,2,\cdots)$。因此，可以列出 X 的所有可能取值 $x_1, x_2, \cdots$，以及取每个值的概率 $p_1, p_2, \cdots$，这就是离散型随机变量的概率分布。离散型概率分布具有这样的性质：（1）$p_i \geqslant 0$，（2）$\sum_i p_i = 1, (i=1,2,\cdots)$。

对于连续型随机变量，由于 X 可以取某一区间或整个实数轴上的任意一个值，它取任何一个特定的值的概率都等于0，不能列出每一个值及其相应的概率。因此通常研究它取某一区间值的概率，并用概率密度函数的形式和分布函数的形式来描述其概率分布。

对于随机变量，如果知道了它的概率分布，就很容易确定它取某个值或某个区间值的概率。

常用的离散型概率分布有**二项分布**（binomial distribution）、**泊松分布**（Poisson distribution）、**超几何分布**（hypergeometric distribution）等；连续型概率分布有**正态分布**（normal distribution）、**均匀分布**（uniform distribution）、**指数分布**（exponential distribution）等。本节只介绍后面用的正态分布以及由正态分布推导出来的 t 分布。

3. 正态分布

正态分布最初是由 C.F. 高斯（Carl Friedrich Gauss，1777—1855）作为描述误差相对频数分布的模型而提出来的，因此又称高斯分布。在现实生活中，有许多现象都可以由正态分布来描述，甚至当未知一个连续总体的分布时，我们总尝试假设该总体服从正态分布来进行分析。其他一些分布（如二项分布）概率的计算也可以利用正态分布来近似，而且由正态分布还可以推导出其他一些重要的统计分布，如 χ^2 分布、t 分布、F 分布等。

如果随机变量 X 的概率密度函数为：

$$f(x)=\frac{1}{\sqrt{2\pi\sigma^2}}\mathrm{e}^{-\frac{1}{2\sigma^2}(x-\mu)^2}, -\infty < x < \infty \tag{5.1}$$

则称 X 为正态随机变量，或称 X 服从参数为 μ、σ^2 的正态分布，记作 $X \sim N(\mu、\sigma^2)$。

式（5.1）中 μ 是正态随机变量 X 的均值，它可为任意实数，σ^2 是 X 的方差，且 $\sigma > 0$，$\pi = 3.14\ 159\ 26$，$\mathrm{e} = 2.718\ 28$。

不同的 μ 值和不同的 σ 值对应于不同的正态分布，其概率密度函数所对应的曲线如图 5－1 所示。

图 5－1 左边的曲线与右边的曲线对比，表示对应于不同 μ 的正态曲线，左边两条曲线表示对应于不同 σ 的正态曲线。

图 5－1 显示，正态曲线的图形是关于 $x=\mu$ 对称的钟形曲线。正态分布的两个参数 μ 和 σ 一旦确定，正态分布的具体形式也就唯一确定，其中均值 μ 决定正态曲线的具体位置，标准差 σ 相同而均值不同的正态曲线在坐标轴上体现为水平位移。标准差 σ 决定

彩图 5－1

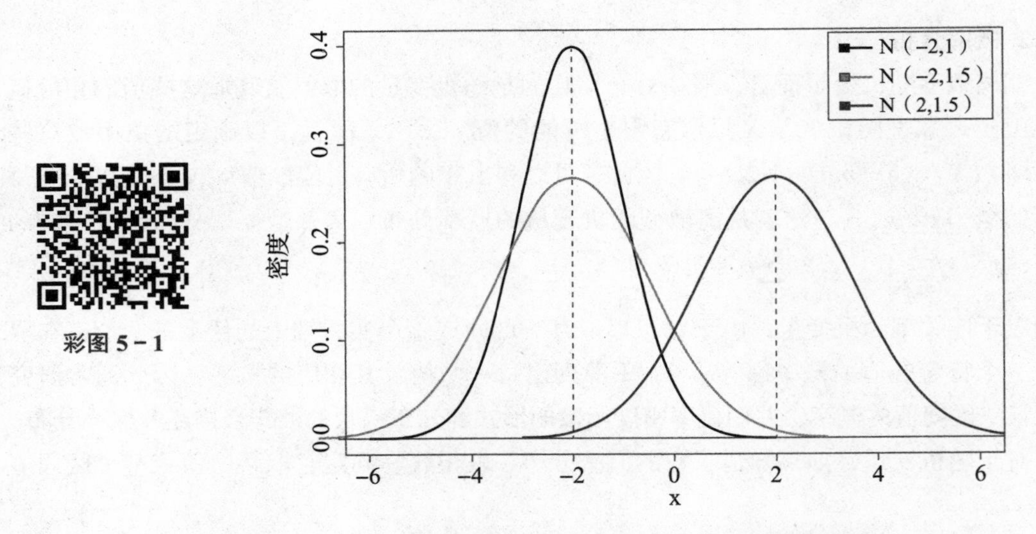

图 5－1　对应于不同 μ 和不同 σ 的正态曲线

正态曲线的“陡峭”或“扁平”程度。σ越大，正态曲线越扁平；σ越小，正态曲线越陡峭。不同参数取值的正态分布构成一个完整的“正态分布族”。

正态随机变量在特定区间上取值的概率由正态曲线下的面积给出，而且其曲线下的总面积等于 1。经验法则总结了正态分布在一些常用区间上的概率值，其图形如图 5－2 所示。

彩图 5－2

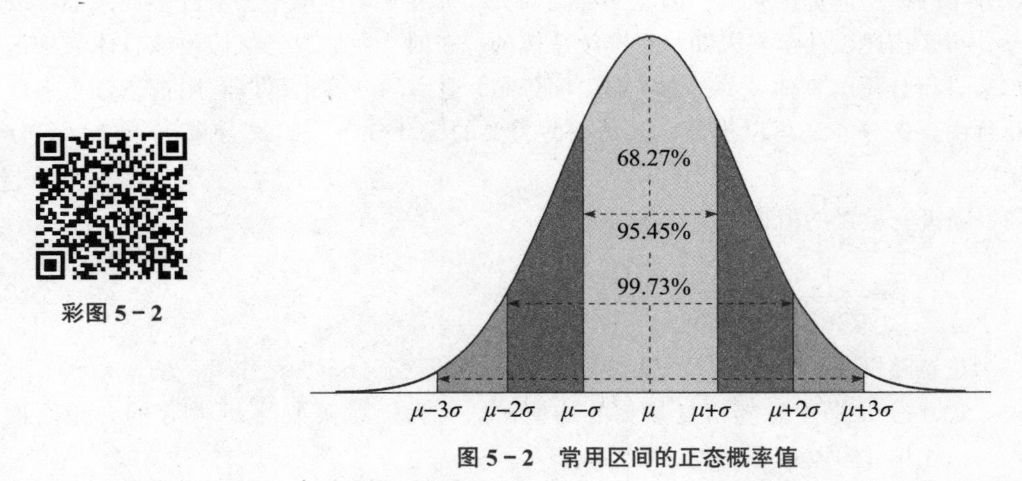

图 5－2　常用区间的正态概率值

图 5－2 显示，正态随机变量落入其均值左右各 1 个标准差内的概率为 68.27%，落入其均值左右各 2 个标准差内的概率为 95.45%，落入其均值左右各 3 个标准差内的概率为 99.73%。

由于正态分布是一个分布族，对于任一个服从正态分布的随机变量，通过 $Z=\left(x-\mu\right)/\sigma$ 标准化后的新随机变量服从均值为 0、标准差为 1 的**标准正态分布**（standard normal distribution），记为 $Z\sim N(0,1)$。标准正态分布的概率密度函数用 $\varphi(x)$ 表示：

$$\varphi(x)=\frac{1}{\sqrt{2\pi}}\mathrm{e}^{-\frac{1}{2}x^2}, -\infty < x < \infty \tag{5.2}$$

图 5 - 3 展示了标准正态分布对应于不同分位数时的概率（阴影部分的面积）。

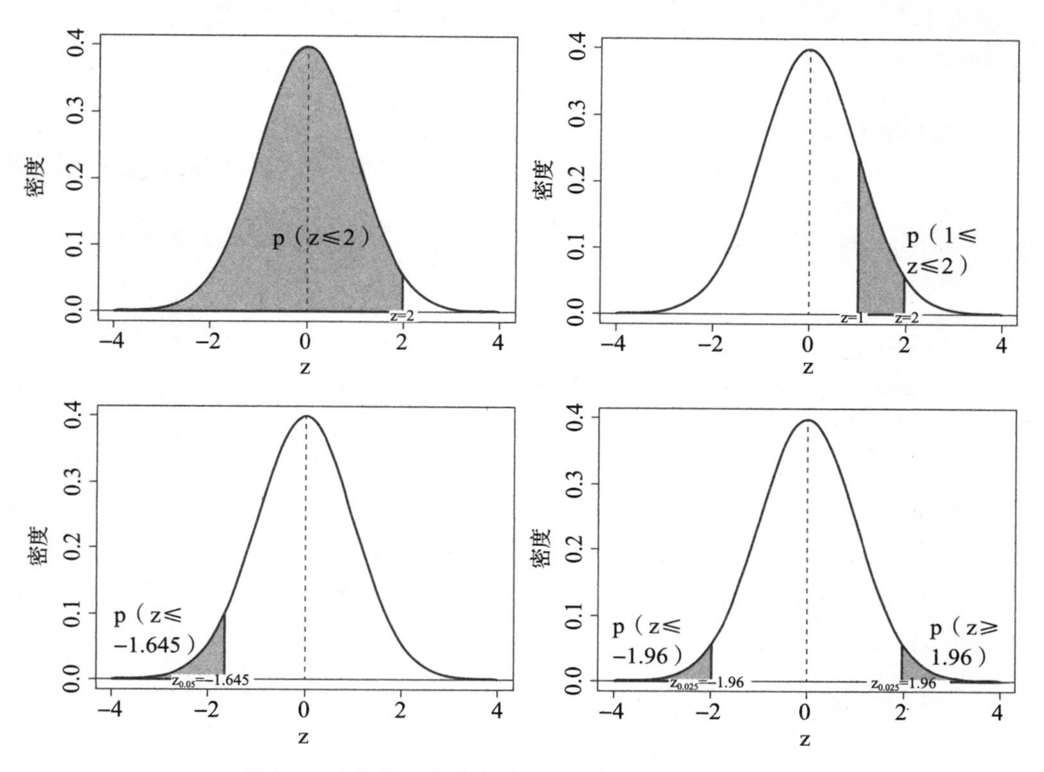

图 5 - 3　标准正态分布对应于不同分位数时的概率

例 5 - 1 计算正态分布的累积概率及给定累积概率时正态分布的分位数。

彩图 5 - 3

（1）已知 $X\sim N(50,10^2)$，计算 $P(X>80)$ 和 $P(20\leqslant X\leqslant 30)$。

（2）已知 $Z\sim N(0,1)$，计算 $P(Z\leqslant -2)$ 和 $P(Z>1.5)$。

（3）已知 $Z\sim N(0,1)$，计算累积概率为 0.025 时，标准正态分布函数的反函数值 $z_{0.025}$；计算累积概率为 0.95 时，标准正态分布函数的反函数值 $z_{0.95}$。

解 R 代码和结果如代码框 5 - 1 所示。

代码框 5 - 1　计算正态分布的累积概率和给定累积概率时的分位数

```
#(1) 计算正态分布概率
> 1-pnorm(80,mean=50,sd=10)                          # P(X > 80) 的概率
[1] 0.001349898
> pnorm(30,mean=50,sd=10)-pnorm(20,mean=50,sd=10)    # P(20≤ X ≤30) 的概率
[1] 0.02140023
```

```
#(2)计算标准正态分布概率
> pnorm(-2,mean=0,sd=1)                        # P(Z≤-2)的概率
[1] 0.02275013
> 1-pnorm(1.5,mean=0,sd=1)                     # P(Z>1.5)的概率
[1] 0.0668072

#(3)计算标准正态分布分位数
> qnorm(0.025,mean=0,sd=1)                     # 累积概率为 0.025 时的分位数
[1] -1.959964
> qnorm(0.95,mean=0,sd=1)                      # 累积概率为 0.95 时的反函数值 z
[1] 1.644854
```

注：函数 pnorm(x,mean,sd) 为分布函数，计算 $X\leqslant$ 某一值的累积概率；$X>$ 某一值的概率为 1-pnorm(x,mean,sd)。函数 qnorm(p,mean,sd) 为分位数函数，计算给定累积概率 p、均值 mean、标准差 sd 时的分位数。更多信息可查看帮助。

4. *t* 分布

***t* 分布**（*t*-distribution）的提出者是 William Gosset，由于他经常用笔名"student"发表文章，用 *t* 表示样本均值经标准化后的新随机变量，因此称为 *t* 分布，也被称为学生 *t* 分布（student's t）。*t* 分布是类似于标准正态分布的一种对称分布，但它的分布曲线通常要比标准正态分布曲线平坦和分散。一个特定的 *t* 分布依赖于称之为自由度的参数。随着自由度的增大，*t* 分布也逐渐趋于标准正态分布，如图 5-4 所示。

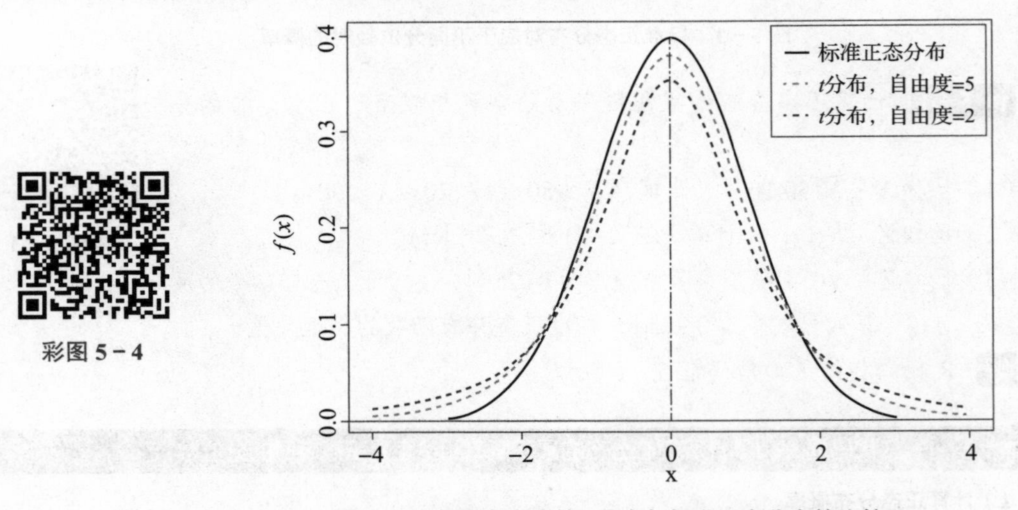

图 5-4　不同自由度的 *t* 分布与标准正态分布的比较

当正态总体标准差未知时，在小样本条件下对总体均值的估计和检验要用到 *t* 分布。*t* 分布的概率即为曲线下面积。

例 5-2　计算：（1）自由度为 10，*t* 值小于 −2 的概率；（2）自由度为 15，*t* 值大于

3 的概率；（3）自由度为 12，t 值等于 2.5 的双尾概率；（4）自由度为 25，t 分布累积概率为 0.025 时的左尾 t 值；（5）自由度为 20，双尾概率为 0.05 时的 t 值。

解 R 代码和结果如代码框 5－2 所示。

代码框 5－2 计算 t 分布概率和给定累积概率时的分位数

```
# 计算 t 分布的概率
> pt(-2,df=10)            # 自由度为 10，t 值小于 -2 的概率
[1] 0.03669402

> 1-pt(3,df=15)           # 自由度为 15，t 值大于 3 的概率
[1] 0.004486369

> 2*(1-pt(2.5,df=12))     # 自由度为 12，t 值等于 2.5 的双尾概率
[1] 0.0279154

# 计算 t 分布的分位数
> qt(0.025,df=25)         # 自由度为 25，t 分布左尾概率为 0.025 时的 t 值
[1] -2.059539

> qt(0.025,df=20)         # 自由度为 20，t 分布双尾概率为 0.05 时的 t 值
[1] -2.085963
```

注：pt(x,df) 为分布函数，计算 $X \leqslant$ 某一值的累积概率；$X >$ 某一值的概率为 1-pt(x,df)。函数 qt(p,df) 为分位数函数，计算给定累积概率 p、自由度 df 时的分位数。更多信息可查看帮助。

5.1.2 统计量的抽样分布

1. 统计量及其分布

如果想了解某个地区的人均收入状况，由于不可能对每个人进行调查，因而也就无法知道该地区的人均收入。这里“该地区的人均收入”就是所关心的总体**参数**（parameter），它是对总体特征的某个概括性度量。

参数通常是不知道的，但又是想要了解的总体的某个特征值。如果只研究一个总体，所关心的参数通常有总体均值、总体方差、总体比例等。在统计中，总体参数通常用希腊字母表示。比如，总体均值用 μ（mu）表示，总体标准差用 σ^2（sigma square）表示，总体比例用 π（pi）表示。

总体参数虽然是未知的，但可以利用样本信息来推断。比如，从某地区随机抽取 2 000 个家庭组成一个样本，根据这 2 000 个家庭的平均收入推断该地区所有家庭的平均收入。这里 2 000 个家庭的平均收入就是一个**统计量**（statistic），它是根据样本数据计算的用于推断总体的某个量，是对样本特征的某个概括性度量。显然，统计量的取值会因

样本不同而变化，因此是样本的函数，也是一个随机变量。但在抽取一个特定的样本后，统计量的值就可以计算出来。

就一个样本而言，关心的统计量通常有样本均值、样本方差、样本比例等。样本统计量通常用英文字母来表示。比如，样本均值用$\bar{x}$表示，样本方差用s^2表示，样本比例用p表示。

既然统计量是一个随机变量，那么它就有一定的概率分布。样本统计量的概率分布也称为**抽样分布**（sampling distribution)，它是由样本统计量的所有可能取值形成的相对频数分布。但由于现实中不可能将所有可能的样本都抽出来，因此，统计量的概率分布实际上是一种理论分布。

根据统计量来推断总体参数具有某种不确定性，但我们可以给出这种推断的可靠性，而度量这种可靠性的依据正是统计量的概率分布，并且我们确知这种分布的某些性质。因此，统计量的概率分布提供了该统计量长远而稳定的信息，它构成了推断总体参数的理论基础。

2. 样本均值的分布

设总体共有N个元素（个体)，从中抽取样本量为n的随机样本，在有放回抽样条件下，共有N^n个可能的样本；在无放回抽样条件下，共有$C_N^n=\dfrac{n!}{n!(N-n)!}$个可能的样本。将所有可能的样本均值都算出来，由这些样本均值形成的分布就是样本均值的抽样分布，或称样本均值的概率分布。但现实中不可能将所有的样本都抽出来，因此，样本均值的概率分布实际上是一种理论分布。当样本量较大时，统计证明它近似服从正态分布。下面通过一个例子说明样本均值的概率分布。

例 5-3 设一个总体含有5个元素，取值分别为：$x_1=2$、$x_2=4$、$x_3=6$、$x_4=8$、$x_5=10$。从该总体中采取重复抽样方法抽取样本量为n=2的所有可能样本，写出样本均值$\bar{x}$的概率分布。

解 首先，计算出总体的均值和方差如下：

$$\mu=\frac{\sum_{i=1}^{4}x_i}{N}=\frac{30}{5}=6,\quad \sigma^2=\frac{\sum_{i=1}^{4}(x_i-\mu)^2}{5}=\frac{40}{5}=8$$

从总体中采取重复抽样方法抽取容量为$n=2$的随机样本，共有$5^2=25$个可能的样本。计算出每一个样本的均值$\bar{x}_i$，结果如表5-1所示。

表 5-1 25个可能的样本及其均值$\bar{x}$

样本序号	样本元素 1	样本元素 2	样本均值
1	2	2	2
2	2	4	3
3	2	6	4

续表

样本序号	样本元素1	样本元素2	样本均值
4	2	8	5
5	2	10	6
6	4	2	3
7	4	4	4
8	4	6	5
9	4	8	6
10	4	10	7
11	6	2	4
12	6	4	5
13	6	6	6
14	6	8	7
15	6	10	8
16	8	2	5
17	8	4	6
18	8	6	7
19	8	8	8
20	8	10	9
21	10	2	6
22	10	4	7
23	10	6	8
24	10	8	9
25	10	10	10

每个样本被抽中的概率相同，均为1/25。设样本均值的均值（期望值）为$\mu_{\bar{x}}$，样本均值的方差为$\sigma_{\bar{x}}^2$。根据表5-1中样本均值得：

$$\mu_{\bar{x}}=\frac{\sum_{1}^{25}\bar{x}}{25}=6,\ \sigma_{\bar{x}}^2=\frac{\sum_{1}^{25}(\bar{x}-\mu_{\bar{x}})^2}{25}=4$$

与总体均值μ和总体方差σ^2比较，不难发现

$$\mu_{\bar{x}}=\mu=6,\ \sigma_{\bar{x}}^2=\frac{\sigma^2}{n}=\frac{8}{2}=4$$

由此可见，样本均值的均值（期望值）等于总体均值，样本均值的方差等于总体方差的$1/n$。总体分布与样本均值分布的比较如图5-5所示。

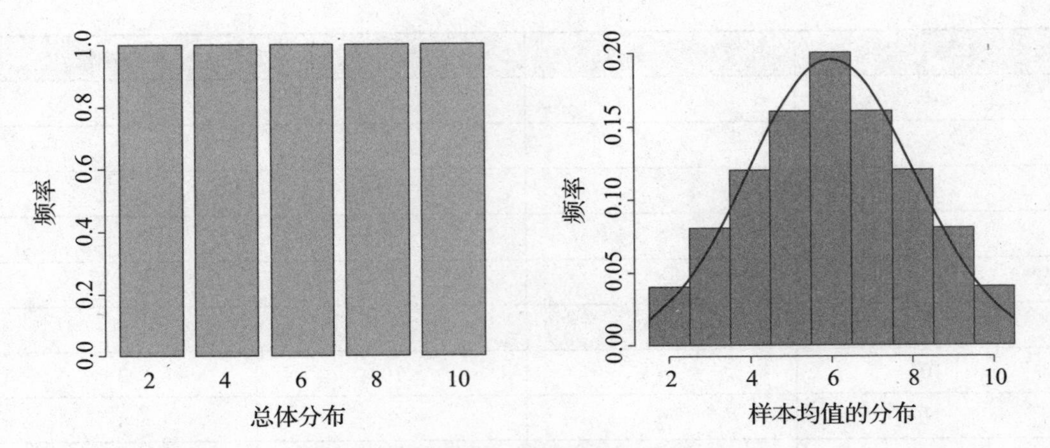

图 5－5 总体分布与样本均值分布的比较

图 5－5 显示，尽管总体为均匀分布，但样本均值的分布在形状上却是近似正态分布。

样本均值的分布与抽样所依据的总体的分布和样本量 n 的大小有关。统计证明，如果总体是正态分布，无论样本量大小，样本均值的分布都近似服从正态分布。如果总体不是正态分布，随着样本量 n 的增大（通常要求 $n \geqslant 30$），样本均值的概率分布仍趋于正态分布，其分布的期望值为总体均值 μ，方差为总体方差的 $1/n$。这就是统计上著名的**中心极限定理**（central limit theorem）。这一定理可以表述为：从均值为 μ、方差为 σ^2 的总体中，抽取样本量为 n 的所有随机样本，当 n 充分大时（通常要求 $n \geqslant 30$），样本均值的分布近似服从期望值为 μ、方差为 σ^2/n 的正态分布，即 $\bar{x} \sim N(\mu, \sigma^2/n)$。等价地有 $\dfrac{\bar{x} - \mu}{\sigma/\sqrt{n}} \sim N(0,1)$。

如果总体不是正态分布，当 n 为小样本时（通常 $n < 30$），样本均值的分布则不服从正态分布。样本均值的分布与总体分布及样本量的关系可以用图 5－6 来描述。

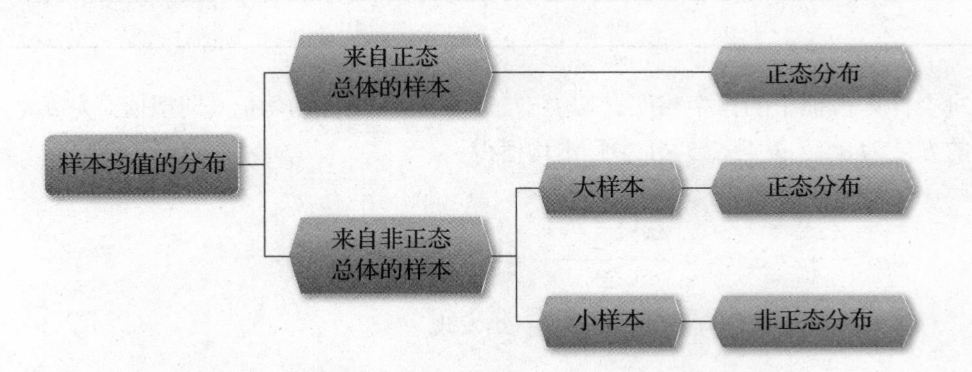

图 5－6 样本均值的分布与总体分布及样本量的关系

3. 样本比例的分布

在统计分析中，许多情形下要进行比例估计。**比例**（proportion）是指总体（或样本）

中具有某种属性的个体与全部个体之和的比值。例如，一个班级的学生按性别分为男、女两类，男生人数与全班总人数之比就是比例，女生人数与全班总人数之比也是比例。再如，产品可分为合格品与不合格品，合格品（或不合格品）与全部产品总数之比就是比例。

设总体有 N 个元素，具有某种属性的元素个数为 N_0，具有另一种属性的元素个数为 N_1，总体比例用 π 表示，则有 $\pi = N_0 / N$，或有 $N_1 / N = 1-\pi$。相应地，样本比例用 p 表示，同样有 $p = n_0 / n, n_1 / n = 1-p$。

从一个总体中重复选取样本量为 n 的样本，由样本比例的所有可能取值形成的分布就是样本比例的概率分布。统计证明，当样本量很大时（通常要求 $np \geqslant 10$ 和 $n(1-p) \geqslant 10$），样本比例分布可用正态分布近似，p 的期望值 $E(p)=\pi$，方差为 $\sigma_p^2 = \dfrac{\pi(1-\pi)}{n}$，即 $p \sim N\left(\pi, \dfrac{\pi(1-\pi)}{n}\right)$。等价地有 $\dfrac{p-\pi}{\sqrt{\pi(1-\pi)/n}} \sim N(0,1)$。

4. 统计量的标准误

统计量的**标准误**（standard error）是指统计量分布的标准差，也称为标准误差。标准误用于衡量样本统计量的离散程度，在参数估计和假设检验中，它是用于衡量样本统计量与总体参数之间差距的一个重要尺度。样本均值的标准误用 $\sigma_{\bar{x}}$ 或 SE 表示，计算公式为：

$$\sigma_{\bar{x}} = \frac{\sigma}{\sqrt{n}} \tag{5.3}$$

当总体标准差 σ 未知时，可用样本标准差 s 代替计算，这时计算的标准误也称为**估计标准误**（standard error of estimation）。由于实际应用中，总体 σ 通常是未知的，所计算的标准误实际上都是估计标准误，因此估计标准误就简称为标准误（统计软件中得到的都是估计标准误）。

相应地，样本比例的标准误可表示为：

$$\sigma_p = \sqrt{\frac{\pi(1-\pi)}{n}} \tag{5.4}$$

当总体比例的方差 $\pi(1-\pi)$ 未知时，可用样本比例的方差 $p(1-p)$ 代替。

标准误与第 4 章介绍的标准差是两个不同的概念。标准差是根据原始观测值计算的，反映一组原始数据的离散程度；而标准误是根据样本统计量计算的，反映统计量的离散程度。

5.2 参数估计

参数估计（parameter estimation）是在样本统计量抽样分布的基础上，根据样本信息估计所关心的总体参数。比如，用样本均值 $\bar{x}$ 估计总体均值 μ，用样本比例 p 估计总体

比例 π，用样本方差 s^2 估计总体方差 σ^2，等等。如果将总体参数用符号 θ 来表示，用于估计参数的统计量用 $\hat{\theta}$ 表示，当用 $\hat{\theta}$ 来估计 θ 的时候，$\hat{\theta}$ 也被称为**估计量**（estimator），而根据一个具体的样本计算出来的估计量的数值称为**估计值**（estimate）。比如，要估计一个地区的家庭人均收入，从该地区中抽取一个由若干家庭组成的随机样本，这里该地区所有家庭的年平均收入就是参数，用 θ 表示，根据样本计算的平均收入 $\bar{x}$ 就是一个估计量，用 $\hat{\theta}$ 表示，假定计算出来的样本平均收入为 60 000 元，这个 60 000 元就是估计量的具体数值，称为估计值。

5.2.1 估计方法和原理

本节首先讨论参数估计的原理，然后介绍一个总体均值和总体比例的区间估计方法。

参数估计的方法有点估计和区间估计两种。

点估计（point estimate）就是用估计量 $\hat{\theta}$ 的某个取值直接作为总体参数 θ 的估计值。比如，用样本均值 $\bar{x}$ 直接作为总体均值 μ 的估计值，用样本比例 p 直接作为总体比例 π 的估计值，用样本方差 s^2 直接作为总体方差 σ^2 的估计值，等等。假定要估计一个学院学生的平均考试分数，根据抽出的一个随机样本计算的平均分数为 80 分，用 80 分作为全学院平均考试分数的一个估计值，这就是点估计。再比如，要估计一批产品的合格率，根据抽样计算的合格率为 98%，将 98% 直接作为这批产品合格率的估计值，这也是一个点估计。

由于样本是随机抽取的，一个具体的样本得到的估计值很可能不同于总体参数。点估计的缺陷是没法给出估计的可靠性，也没法说出点估计值与总体参数真实值接近的程度，因为一个点估计值的可靠性是由其抽样分布的标准误来衡量的。因此，我们不能完全依赖于一个点估计值，而应围绕点估计值构造出总体参数的一个区间。

区间估计（interval estimate）是在点估计的基础上给出总体参数估计的一个估计区间，就总体均值和总体比例而言，该区间通常是由样本统计量加减**估计误差**（estimate error）得到的。与点估计不同，进行区间估计时，根据样本统计量的抽样分布，可以对统计量与总体参数的接近程度给出一个概率度量。

在区间估计中，由样本估计量构造出的总体参数在一定置信水平下的估计区间称为**置信区间**（confidence interval），其中区间的最小值称为置信下限，最大值称为置信上限。由于统计学家在某种程度上确信这个区间会包含真正的总体参数，所以给它取名为置信区间。假定抽取 100 个样本构造出 100 个置信区间，这 100 个区间中有 95% 的区间包含了总体参数的真值，5% 没包含，则 95% 这个值被称为**置信水平**（confidence level）。一般地，如果将构造置信区间的步骤重复多次，置信区间中包含总体参数真值的次数所占的比例称为置信水平，也称为**置信度**或**置信系数**（confidence coefficient）。统计上，常用的置信水平有 90%、95% 和 99%。有关置信区间的概念可用图 5－7 来表示。

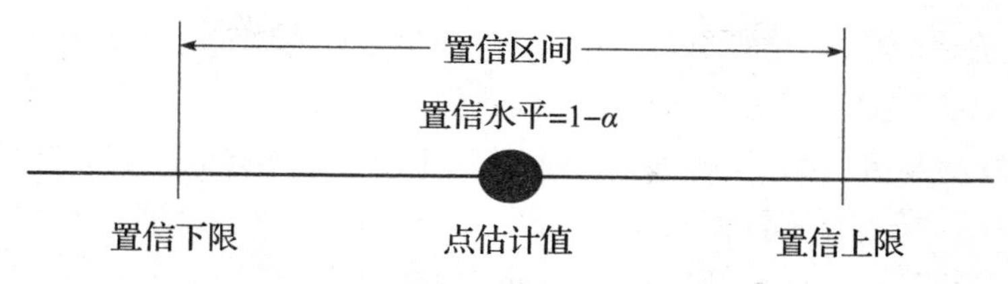

图 5-7　置信区间有关概念示意图

如果用某种方法构造的所有区间中有 $(1-\alpha)\%$ 的区间包含总体参数的真值，$\alpha\%$ 的区间不包含总体参数的真值，那么，用该方法构造的区间称为置信水平为 $(1-\alpha)\%$ 的置信区间。如果 $\alpha=5\%$，那么 $(1-\alpha)=95\%$ 称为置信水平为 95% 的置信区间。

但由于总体参数的真值是固定的，而用样本构造的估计区间则是不固定的，因此置信区间是一个随机区间，它会因样本的不同而变化，而且不是所有的区间都包含总体参数。在实际估计时，往往只抽取一个样本，此时所构造的是与该样本相联系的一定置信水平（比如 95%）下的置信区间。我们只能希望这个区间是大量包含总体参数真值的区间中的一个，但它也可能是少数几个不包含参数真值的区间中的一个。比如，从一个均值（μ）为 50、标准差为 5 的正态总体中，抽取 $n=10$ 的 100 个随机样本，得到 μ 的 100 个 95% 的置信区间，如图 5-8 所示。

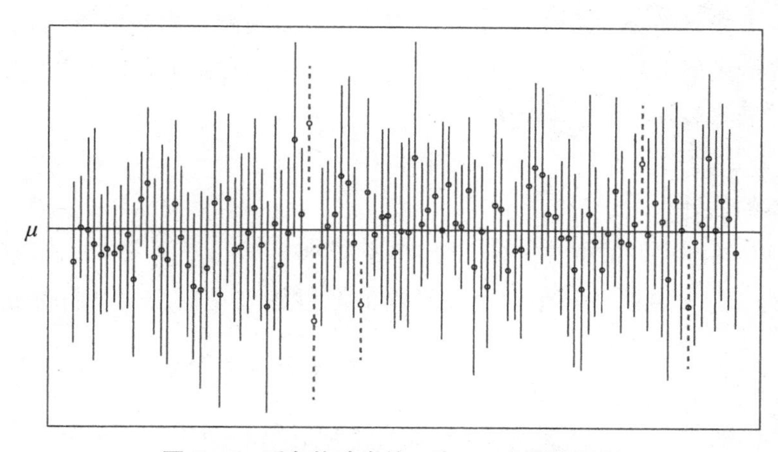

图 5-8　重复构造出的 μ 的 100 个置信区间

图 5-8 中每个区间中间的点表示 μ 的点估计，即样本均值 $\bar{x}$。可以看出 100 个区间中有 95 个区间包含总体均值，有 5 个区间（用粗虚线表示的置信区间）没有包含总体均值，因此称该区间为置信水平为 95% 的置信区间。但需要注意的是，95% 的置信区间不是指任意一次抽取的 100 个样本就恰好有 95 个区间包含总体均值，而是指反复抽取的多个样本中包含总体参数区间的比例。这 100 个置信区间也可能都包含总体均值，也可能有更多的区间未包含总体均值。由于实际估计是只抽取一个样本，由该样本所构造的区间是一个常数区间，我们无法知道这个区间是否包含总体参数的真值，因为它可能是包含总体均值的 95 个区间中的一个，也可能是未包含总体均值的 5 个中的一个。因此，一

个特定的区间总是"绝对包含"或"绝对不包含"参数的真值，不存在"以多大的概率包含总体参数"的问题。置信水平只是告诉我们在多次估计得到的区间中大概有多少个区间包含了参数的真值，而不是针对所抽取的这个样本所构建的区间而言的。

从置信水平、样本量和置信区间的关系不难看出，在其他条件不变时，使用一个较大的置信水平会得到一个比较宽的置信区间，而使用一个较大的样本则会得到一个较准确（较窄）的区间。换言之，较宽的区间会有更大的可能性包含参数。但实际应用中，过宽的区间往往没有实际意义。比如，天气预报说"下一年的降雨量是 0～10 000mm"，虽然这很有把握，但有什么意义呢？此外，要求过于准确（过窄）的区间同样不一定有意义，因为过窄的区间虽然看上去很准确，但把握性就会降低，除非无限制增加样本量，而现实中样本量总是受限的。由此可见，区间估计总是要给结论留些余地。

5.2.2 总体均值的区间估计

在对总体均值进行区间估计时，需要考虑总体是否为正态分布、总体方差是否已知、用于估计的样本是大样本（$n \geqslant 30$）还是小样本（$n<30$）等几种情况。但不管哪种情况，总体均值的置信区间都是由样本均值加减估计误差得到的。那么，怎样计算估计误差呢？估计误差由两部分组成：一是点估计量的标准误，它取决于样本统计量的抽样分布。二是估计时所要求的置信水平为 $1-\alpha$ 时，统计量分布两侧面积各为 $\alpha/2$ 时的分位数值，它取决于事先确定的置信水平。用 E 表示估计误差，总体均值在 $1-\alpha$ 置信水平下的置信区间可一般性地表达为：

$$\bar{x} \pm E = \bar{x} \pm (\text{分位数值} \times \bar{x}\text{的标准误}) \tag{5.5}$$

1. 大样本的估计

在大样本（$n \geqslant 30$）情况下，由中心极限定理可知，样本均值 $\bar{x}$ 近似服从期望值为 μ、方差为 σ^2/n 的正态分布。而样本均值经过标准化后则服从标准正态分布，即 $z=\dfrac{\bar{x}-\mu}{\sigma/\sqrt{n}} \sim N(0,1)$。当总体标准差 σ 已知时，标准化时使用 σ；当 σ 未知时，则用样本标准差 s 代替。因此，可以由正态分布构建总体均值在 $1-\alpha$ 置信水平下的置信区间。

当总体方差 σ^2 已知时，总体均值 μ 在 $1-\alpha$ 置信水平下的置信区间为：

$$\bar{x} \pm z_{\alpha/2}\frac{\sigma}{\sqrt{n}} \tag{5.6}$$

式中：$\bar{x}-z_{\alpha/2}\dfrac{\sigma}{\sqrt{n}}$ 称为置信下限，$\bar{x}+z_{\alpha/2}\dfrac{\sigma}{\sqrt{n}}$ 称为置信上限；α 是事先所确定的一个概率值，它是总体均值不包括在置信区间的概率；$1-\alpha$ 称为置信水平，α 称为显著性水平；$z_{\alpha/2}$ 是标准正态分布两侧面积各为 $\alpha/2$ 时的分位数值；$z_{\alpha/2}\dfrac{\sigma}{\sqrt{n}}$ 是估计误差 E。

当总体方差 σ^2 未知时，式（5.6）中的 σ 可以用样本标准差 s 代替，这时总体均值 μ

在 $1-\alpha$ 置信水平下的置信区间为：

$$\bar{x} \pm z_{\alpha/2}\frac{s}{\sqrt{n}} \tag{5.7}$$

例 5-4（数据：example5_4）在某批次袋装食品中，随机抽取 50 袋进行检测，得到的每袋重量数据如表 5-2 所示。

表 5-2　50 袋食品的重量数据　（单位：克）

489.9	494.5	499.3	499.6	503.1	497.7	499.1	499.6	494.1	500.9
500.3	501.0	494.8	496.6	484.5	501.2	499.6	498.1	504.2	501.7
505.7	500.7	497.1	500.4	501.1	499.8	501.0	500.3	500.8	501.1
509.3	509.3	503.5	507.1	505.8	500.2	494.4	505.0	502.0	496.5
495.0	495.7	501.8	498.4	502.2	502.6	500.8	493.4	508.6	490.6

估计该批食品平均重量的 95% 的置信区间：（1）假定总体方差为 25 克。（2）假定总体方差未知。

解（1）已知 $\sigma=5$，$n=50$，$1-\alpha=95\%$。由 R 函数 qnorm(0.975) 得 $z_{\alpha/2}=1.959\,96$。根据样本数据计算得：$\bar{x}=499.8$。根据式（5.6）得：

$$\bar{x} \pm z_{\alpha/2}\frac{\sigma}{\sqrt{n}} = 499.8 \pm 1.959\,96 \times \frac{5}{\sqrt{50}} = 499.8 \pm 1.385\,9$$

即：（498.414 1，501.185 9），该批食品平均重量的 95% 的置信区间为 498.414 克～501.186 克之间。

（2）由于总体方差未知，需要用样本方差代替。根据样本数据计算得：$s=4.83$。根据式（5.7）得：

$$\bar{x} \pm z_{\alpha/2}\frac{s}{\sqrt{n}} = 499.8 \pm 1.959\,96 \times \frac{4.83}{\sqrt{50}} = 499.8 \pm 1.338\,8$$

即：（498.461 2，501.138 8），该批食品平均重量的 95% 的置信区间为 498.461 克～501.139 克之间。

使用 R 的 BSDA 包中的 z.test 函数可以进行大样本的检验，该函数的输出中提供了总体均值的置信区间，代码和结果如代码框 5-3 所示。

代码框 5-3　计算总体均值的置信区间（大样本）

```
#（1）已知总体标准差 σ=5
> example5_4<-read.csv("C:/Rdata/example/chap05/example5_4.csv")
> library(BSDA)
> z.test(example5_4$食品重量,mu=0,sigma.x=5,conf.level=0.95)
        One-sample z-Test
```

```
data:  example5_4$食品重量
z = 706.82, p-value < 2.2e-16
alternative hypothesis: true mean is not equal to 0
95 percent confidence interval:
 498.4141 501.1859
sample estimates:
mean of x
499.8

#(2)总体标准差未知，用样本标准差代替
> z.test(example5_4$食品重量,mu=0,sigma.x=sd(example5_4$食品重量),conf.level=0.95)
        One-sample z-Test

data:  example5_4$食品重量
z = 731.69, p-value < 2.2e-16
alternative hypothesis: true mean is not equal to 0
95 percent confidence interval:
 498.4612  501.1388
sample estimates:
mean of x
     499.8

# 只输出置信区间的信息
>  z.test(example5_4$食品重量,mu=0,sigma.x=sd(example5_4$食品重量),conf.level=0.95)$conf.int
[1] 498.4612  501.1388
attr(,"conf.level")
[1] 0.95
```

注：函数 z.test(x,y=NULL,sigma.x=NULL,sigma.y=NULL,conf.level=0.95) 用于构建基于标准正态分布的单样本和双样本的置信区间和假设检验。参数 y=NULL 用于单样本；sigma.x 和 sigma.y 用于指定两个总体的标准差，当总体标准差未知时用样本标准差代替；,conf.level= 用于指定置信水平，默认为 0.95。更多信息可查阅帮助。

2. 小样本的估计

在小样本（$n<30$）情况下，对总体均值的估计都是建立在总体服从正态分布的假定前提下。如果正态总体的σ已知，样本均值经过标准化后仍然服从标准正态分布，此时可根据正态分布使用式（5.6）建立总体均值的置信区间。如果正态总体的σ未知，则用样本方差s代替，这时样本均值经过标准化后则服从自由度为$n-1$的t分布，即$t=\dfrac{\bar{x}-\mu}{s/\sqrt{n}}\sim t(n-1)$。因此需要使用$t$分布构建总体均值的置信区间。在$1-\alpha$置信水平下，总体均值的置信区间为：

$$\bar{x} \pm t_{\alpha/2}\frac{s}{\sqrt{n}} \tag{5.8}$$

例 5－5 （数据：example5_5）从某种型号的手机电池中随机抽取 10 块，测得其使用寿命数据如表 5－3 所示。

表 5－3　10 块手机电池的使用寿命数据　　（单位：小时）

10 018	10 638	9 803	10 488	11 192	9 727	9 907	9 234	10 282	9 073

假定电池使用寿命服从正态分布，建立该种型号手机电池平均使用寿命的 95% 的置信区间。（1）假定总体标准差为 500 小时。（2）假定总体标准差未知。

解 （1）虽然为小样本，但总体方差已知，因此可按式（5.7）计算置信区间。由 R 函数 qnorm(0.975) 得 $z_{\alpha/2}=1.959\,96$。由样本数据计算得：$\bar{x}=100\,36.2$。根据式（5.6）得：

$$\bar{x} \pm z_{\alpha/2}\frac{\sigma}{\sqrt{n}}=100\,36.2 \pm 1.959\,96 \times \frac{500}{\sqrt{10}}=100\,36.2 \pm 309.897\,5$$

即：(9 726.302，10 346.098)。该批手机电池平均使用寿命的 95% 的置信区间为 9 726.302小时～10 346.098小时之间。

（2）由于是小样本，且总体标准差未知，因此需要用 t 分布建立置信区间。由 R 函数 qt(0.975, 9) 得 $t_{\alpha/2}=2.262\,157$。由样本数据计算得：$\bar{x}=100\,36.2$，$s=641.254\,6$。根据式（5.8）得：

$$\bar{x} \pm t_{\alpha/2}\frac{s}{\sqrt{n}}=100\,36.2 \pm 2.262\,157 \times \frac{641.254\,6}{\sqrt{10}}=100\,36.2 \pm 458.725\,9$$

即：(9 577.474，104 94.926)，该批手机电池平均使用寿命的 95% 的置信区间为 9 577.474小时～10 494.926 小时之间。

总体方差已知时，可使用 BSDA 包中的 z.test 检验函数；总体方差未知时，可使用 t.test 检验函数，两个函数均提供总体均值的置信区间，代码和结果如代码框 5－4 所示。

代码框 5－4　计算总体均值的置信区间（小样本）

```
#（1）已知总体标准差 σ = 500
> example5_5<-read.csv("C:/Rdata/example/chap05/example5_5.csv")
> library(BSDA)
> z.test(example5_5$使用寿命,mu=0,sigma.x=500,conf.level=0.95)$conf.int
[1]  9726.302 10346.098
attr(,"conf.level")
[1] 0.95
```

```
#（2）总体标准差未知，用样本标准差代替
> t.test(example5_5$使用寿命,mu=0,sigma.x=sd(example5_5$使用寿命),conf.level=0.95)$conf.int
[1]    9577.474 10494.926
attr(,"conf.level")
[1] 0.95
```

注：函数 t.test(x,y=NULL,mu=0,paired=FALSE,var.equa =FALSE, ...) 用于单样本和双样本假设检验。参数 y=NULL 用于单样本；独立样本时 paired=FALSE，方差不等时 var.equa =FALSE。更多信息可查阅帮助。

表 5－4 总结了不同情况下总体均值的区间估计公式。

表 5－4　不同情况下总体均值的区间估计公式

总体分布	样本量	σ已知	σ未知
正态分布	大样本（$n\geqslant 30$）	$\bar{x}\pm z_{\alpha/2}\frac{\sigma}{\sqrt{n}}$	$\bar{x}\pm z_{\alpha/2}\frac{s}{\sqrt{n}}$
	小样本（$n<30$）	$\bar{x}\pm z_{\alpha/2}\frac{\sigma}{\sqrt{n}}$	$\bar{x}\pm t_{\alpha/2}\frac{s}{\sqrt{n}}$
非正态分布	大样本（$n\geqslant 30$）	$\bar{x}\pm z_{\alpha/2}\frac{\sigma}{\sqrt{n}}$	$\bar{x}\pm z_{\alpha/2}\frac{s}{\sqrt{n}}$

5.2.3　总体比例的区间估计

这里只讨论大样本情况下总体比例的估计问题①。由样本比例p的抽样分布可知，当样本量足够大时，比例p近似服从期望值为$E(p)=\pi$、方差为$\sigma_p^2=\frac{\pi(1-\pi)}{n}$的正态分布。而样本比例经标准化后则服从标准正态分布，即$z=\frac{p-\pi}{\sqrt{\pi(1-\pi)/n}}\sim N(0,1)$。因此，可由正态分布建立总体比例的置信区间。与总体均值的区间估计类似，总体比例的置信区间是π的点估计值$p\pm$估计误差得到的。用E表示估计误差，π在$1-\alpha$置信水平下的置信区间可一般地表达为：

$$p\pm E=p\pm（分位数值\times p 的标准误）\tag{5.9}$$

因此，总体比例π在$1-\alpha$置信水平下的置信区间为：

$$p\pm z_{\alpha/2}\sqrt{\frac{p(1-p)}{n}}\tag{5.10}$$

式中：$z_{\alpha/2}$是标准正态分布上两侧面积各为$\alpha/2$时的z值；$z_{\alpha/2}\sqrt{\frac{p(1-p)}{n}}$是估计误

① 对于总体比例的估计，确定样本量是否“足够大”的一般经验规则是：区间$p\pm 2\sqrt{p(1-p)/2}$中不包含 0 或 1，或者要求$np\geqslant 10$和$n(1-p)\geqslant 10$。

差 E。

例 5－6 某城市交通管理部门想要估计赞成机动车限行的人数比例，随机抽取了100个人，其中65人表示赞成。试以95%的置信水平估计该城市赞成机动车限行的人数比例的置信区间。

解 已知 $n=100$，由R函数 qnorm(0.975) 得 $z_{\alpha/2}=1.959\,96$。根据样本结果计算的样本比例为 $p=\frac{65}{100}=65\%$。

根据式（5.10）得：

$$p \pm z_{\alpha/2}\sqrt{\frac{p(1-p)}{n}} = 65\% \pm 1.959\,96 \times \sqrt{\frac{65\% \times (1-65\%)}{100}}$$

即 $65\% \pm 9.35\% = (55.65\%, 74.35\%)$，该城市赞成机动车限行的人数比例95%的置信区间为55.65%～74.35%。

计算总体比例置信区间的R代码和结果如代码框5－5所示。

代码框 5－5 计算总体比例的置信区间

```
# 赞成比例的 95% 的置信区间
> n<-100
> x<-65
> p<-x/n                                # 计算样本比例
> q<-qnorm(0.975)                       # 计算分位数
> LCI<-(p-q*sqrt(p*(1-p)/n))*100        # 计算置信下限
> UCI<-(p+q*sqrt(p*(1-p)/n))*100        # 计算置信上限
> data.frame(LCI,UCI)
       LCI      UCI
55.65157 74.34843
```

5.3 假设检验

假设检验是推断统计的另一项重要内容，它与参数估计类似，但角度不同。参数估计是利用样本信息推断未知的总体参数，而假设检验则是先对总体参数提出一个假设值，然后利用样本信息判断这一假设是否成立。本节首先介绍假设检验的基本步骤，然后介绍总体均值和总体比例的检验方法。

5.3.1 假设检验的步骤

假设检验的基本思路是：首先对总体提出某种假设，然后抽取样本获得数据，再根据样本提供的信息判断假设是否成立。

1. 提出假设

假设（hypothesis）是对总体的某种看法。在参数检验中，假设就是对总体参数的具体数值所作的陈述。比如，虽然不知道一批灯泡的平均使用寿命是多少，不知道一批产品的合格率是多少，不知道全校学生的月生活费支出的方差是多少，但可以事先提出一个假设值，比如，这批灯泡的平均使用寿命是12 000小时，这批产品的合格率是98%，全校学生月生活费支出的方差是10 000，等等，这些陈述就是对总体参数提出的假设。

假设检验（hypothesis test）是在对总体提出假设的基础上，利用样本信息判断假设是否成立的统计方法。比如，假设全校学生月生活费支出的均值是2 000元，然后从全校学生中抽取一个样本，根据样本信息检验月平均生活费支出是否为2 000元，这就是假设检验。

做假设检验时，首先要提出两种假设，即原假设和备择假设。

原假设（null hypothesis）是研究者想收集证据予以推翻的假设，用H_0表示。原假设表达的含义通常是指参数没有变化或变量之间没有关系，因此等号“=”总是放在原假设上。以总体均值的检验为例，设参数的假设值为μ_0，原假设总是写成$H_0:\mu=\mu_0$、$H_0:\mu\geqslant\mu_0$或$H_0:\mu\leqslant\mu_0$。原假设最初被假设是成立的，之后根据样本数据确定是否有足够的证据拒绝原假设。

备择假设（alternative hypothesis）通常是研究者想收集证据予以支持的假设，用H_1或H_a表示。备择假设所表达的含义通常是总体参数发生了变化或变量之间有某种关系。以总体均值的检验为例，备择假设的形式总是为$H_1:\mu\neq\mu_0$、$H_1:\mu<\mu_0$或$H_1:\mu>\mu_0$。备择假设通常用于表达研究者自己倾向于支持的看法，然后就是想办法收集证据拒绝原假设，以支持备择假设。

在假设检验中，如果备择假设没有特定的方向，并含有符号“≠”，这样的假设检验称为**双侧检验**或称**双尾检验**（two-tailed test）。如果备择假设具有特定的方向，并含有符号“>”或“<”，这样的假设检验称为**单侧检验**或**单尾检验**（one-tailed test）。备择假设含有“<”符号的单侧检验称为**左侧检验**，而备择假设含有“>”符号的单侧检验称为**右侧检验**。

下面通过几个例子来说明确定原假设和备择假设的大概思路。

例5-7 一种零件的标准直径为50mm，为对生产过程进行控制，质量监测人员定期对一台加工机床进行检查，确定这台机床生产的零件是否符合标准要求。如果零件的平均直径大于或小于50mm，表示生产过程不正常，必须进行调整。陈述用来检验生产过程是否正常的原假设和备择假设。

解 设这台机床生产的所有零件平均直径的真值为μ。若$\mu=50$，表示生产过程正常，若$\mu>50$或$\mu<50$，表示生产过程不正常，研究者要检验这两种可能情形中的任何一种。因此，研究者想收集证据予以推翻的假设应该是“生产过程正常”，而想收集证据予以支持的假设是“生产过程不正常”（因为如果研究者事先认为生产过程正常，也就没有必要进行检验了），所以建立的原假设和备择假设应为：

$H_0: \mu = 50$（生产过程正常）；$H_1: \mu \neq 50$（生产过程不正常）。

例 5-8 产品的外包装上都贴有标签，标签上通常标有该产品的性能说明、成分指标等信息。农夫山泉550ml瓶装饮用天然水外包装标签上标识：每100ml（毫升）钙的含量为≥400μg（微克）。如果是消费者来做检验，应该提出怎样的原假设和备择假设？如果是生产厂家自己来做检验，又会提出怎样的原假设和备择假设？

解 设每100ml水中钙的含量均值为μ。消费者做检验的目的是想寻找证据推翻标签中的说法，即$\mu \geqslant 400$μg（如果对标签中的数值没有质疑，也就没有检验的必要了），而想支持的观点则是标签中的说法不正确，即$\mu < 400$μg。因此，提出的原假设和备择假设应为：

$H_0: \mu \geqslant 400$（标签中的说法正确）；$H_1: \mu < 400$（标签中的说法不正确）。

如果是生产厂家自己做检验，生产者自然是想办法来支持自己的看法，也就是想寻找证据证明标签中的说法是正确的，即$\mu > 400$，而想推翻的则是$\mu \leqslant 400$，因此会提出与消费者观点不同（方向相反）的原假设和备择假设，即：

$H_0: \mu \leqslant 400$（标签中的说法不正确）；$H_1: \mu > 400$（标签中的说法正确）。

例 5-9 一家研究机构认为，某城市中在网上购物的家庭比例超过90%。为验证这一估计是否正确，该研究机构随机抽取了若干个家庭进行检验。试陈述用于检验的原假设和备择假设。

解 设网上购物的家庭的比例真值为π。显然，研究者想收集证据予以支持的假设是“该城市中在网上购物的家庭比例超过90%”。因此建立的原假设和备择假设应为：

$H_0: \pi \leqslant 90\%$；$H_1: \pi > 90\%$。

通过上面的例子可以看出，原假设和备择假设是一个完备事件组，而且相互对立。这意味着，在一项检验中，原假设和备择假设必有一个成立，而且只有一个成立。此外，假设的确定带有一定的主观色彩，因为“研究者想推翻的假设”和“研究者想支持的假设”最终仍取决于研究者本人的意向。所以，即使是对同一个问题，由于研究目的不同，也可能提出截然不同的假设。但无论怎样，只要假设的建立符合研究者的最终目的便是合理的。

2. 确定显著性水平

假设检验是根据样本信息做出决策，因此，无论是拒绝或不拒绝原假设，都有可能犯错误。研究者总是希望能做出正确的决策，但由于决策是建立在样本信息的基础之上，而样本又是随机的，因而就有可能犯错误。

原假设和备择假设不能同时成立，决策的结果要么拒绝原假设，要么不拒绝原假设。决策时总是希望当原假设正确时没有拒绝它，当原假设不正确时拒绝它，但实际上很难保证不犯错误。一种情形是，原假设是正确的却拒绝了它，这时所犯的错误称为**第Ⅰ类错误**（type Ⅰ error），犯第Ⅰ类错误的概率记为α，因此也被称为**α错误**。另一种情形是，原假设是错误的却没有拒绝它，这时所犯的错误称为**第Ⅱ类错误**（type Ⅱ error），犯第Ⅱ类错误的概率记为β，因此也称**β错误**。

在假设检验中，只要做出拒绝原假设的决策，就有可能犯第Ⅰ类错误；只要做出不拒绝原假设的决策，就有可能犯第Ⅱ类错误。直观上说，这两类错误的概率之间存在这样的关系：在样本量不变的情形下，要减小 α 就会使 β 增大，而要减小 β 就会使 α 增大，两类错误就像一个跷跷板。人们自然希望犯两类错误的概率都尽可能小，但实际上难以做到。要使 α 和 β 同时减小的唯一办法是增加样本量，但样本量的增加又会受许多因素的限制，所以人们只能在两类错误的发生概率之间进行平衡，以使 α 和 β 控制在能够接受的范围内。一般来说，对于一个固定的样本，如果犯第Ⅰ类错误的代价比犯第Ⅱ类错误的代价高，则将犯第Ⅰ类错误的概率定得低些较为合理；反之，则可以将犯第Ⅰ类错误的概率定得高些。那么，检验时先控制哪类错误呢？一般来说，发生哪一类错误的后果更严重，就应该首要控制哪类错误发生的概率。但由于犯第Ⅰ类错误的概率可以由研究者事先控制，而犯第Ⅱ类错误的概率则相对难以计算，因此在假设检验中，人们往往先控制第Ⅰ类错误的发生概率。

假设检验中，犯第Ⅰ类错误的概率也称为**显著性水平**（level of significance），记为 α。它是人们事先确定的犯第Ⅰ类错误概率的最大允许值。显著性水平 α 越小，犯第Ⅰ类错误的可能性自然就越小，但犯第Ⅱ类错误的可能性则随之增大。实际应用中，究竟确定一个多大的显著性水平值合适呢？一般情形下，人们认为犯第Ⅰ类错误的后果更严重一些，因此通常会取一个较小的 α 值（一般要求 α 可以取小于或等于 0.1 的任何值）。通常选择显著性水平为 0.05 或比 0.05 更小的概率，当然也可以取其他值。实际中常用的显著性水平有 $\alpha=0.01$、$\alpha=0.05$、$\alpha=0.1$ 等。

3. 做出决策

提出具体的假设之后，研究者需要提供可靠的证据来支持他所关注的备择假设。在上面的例 5－8 中，如果你想证实产品标签上的说法不属实，即检验假设：$H_0:\mu\geqslant 400$；$H_1:\mu<400$，抽取一个样本得到的样本均值为 390μg，你是否拒绝原假设呢？如果样本均值是 410μg，你是否就不拒绝原假设呢？做出拒绝或不拒绝原假设的依据是什么？传统检验中，决策依据的是样本统计量，现代检验中，人们直接根据样本数据算出犯第Ⅰ类错误的概率，即所谓的 ***P* 值**（p-value）。检验时做出决策的依据是：原假设成立时小概率事件不应发生，如果小概率事件发生了，就应当拒绝原假设。统计上，通常把 $P\leqslant 0.1$ 的值统称为小概率。

（1）用统计量决策（传统做法）。

传统决策方法是首先根据样本数据计算出用于决策的**检验统计量**（test statistic）。比如要检验总体均值，我们自然会想到要用样本均值作为判断标准。但样本均值 $\bar{x}$ 是总体均值 μ 的一个点估计量，它并不能直接作为判断的依据，只有将其标准化后，才能用于度量它与原假设的参数值之间的差异程度。对于总体均值和总体比例的检验，在原假设 H_0 为真的条件下，根据点估计量的抽样分布可以得到**标准化检验统计量**（standardized test statistic）：

$$标准化检验统计量 = \frac{点估计量 - 假设值}{点估计量的标准误} \tag{5.11}$$

标准化检验统计量反映了点估计值（比如样本均值）与假设的总体参数（比如假设的总体均值）相比相差多少个标准误的距离。虽然检验统计量是一个随机变量，随样本观测结果的不同而变化，但只要已知一组特定的样本观测结果，检验统计量的值也就唯一确定了。

有了检验统计量就可以建立决策准则。根据事先设定的显著性水平 α，可以在统计量的分布上找到相应的**临界值**（critical value）。由显著性水平和相应的临界值围成的一个区域称为**拒绝域**（rejection region）。如果统计量的值落在拒绝域内就拒绝原假设，否则就不拒绝原假设。拒绝域的大小与设定的显著性水平有关。当样本量固定时，拒绝域随 α 的减小而减小。显著性水平、拒绝域和临界值的关系可用图 5－9 来表示。

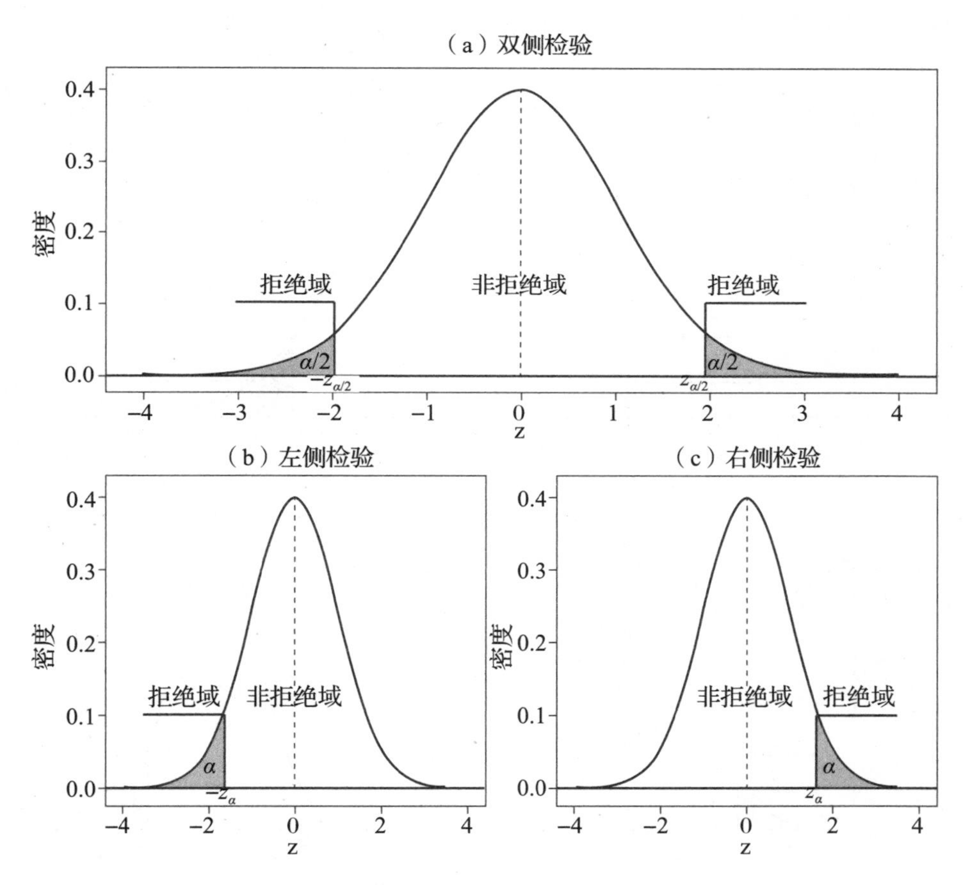

图 5－9　显著性水平、拒绝域和临界值的关系

彩图 5－9

从图 5－9 可以得出利用统计量做检验时的决策准则：

双侧检验：｜统计量｜＞临界值，拒绝原假设。

左侧检验：统计量的值＜－临界值，拒绝原假设。

右侧检验：统计量的值 > 临界值，拒绝原假设。

介绍传统的统计量决策方法只是帮助理解假设检验的原理，但不推荐使用。

（2）用值决策（现代做法）。

统计量检验是根据事先确定显著性水平 α 围成的拒绝域做出决策，不论检验统计量的值是大还是小，只要它落入拒绝域就拒绝原假设，否则就不拒绝原假设。这样，无论统计量落在拒绝域的什么位置，也只能说犯第Ⅰ类错误的概率是 α。但实际上，α 是犯第Ⅰ类错误的上限控制值，统计量落在拒绝域的不同位置，决策时所犯第Ⅰ类错误的概率是不同的。如果能把犯第Ⅰ类错误的真实概率算出来，就可以直接用这个概率做出决策，而不需要管什么事先设定的显著性水平 α。这个犯第Ⅰ类错误的真实概率就是 P 值，它是指当原假设是正确时，所得到的样本结果会像实际观测结果那么极端或更极端的概率，也称为**观察到的显著性水平**（observed significance level）或实际显著性水平。图 5－10 显示了拒绝原假设时的 P 值与设定的显著性水平 α 的比较。

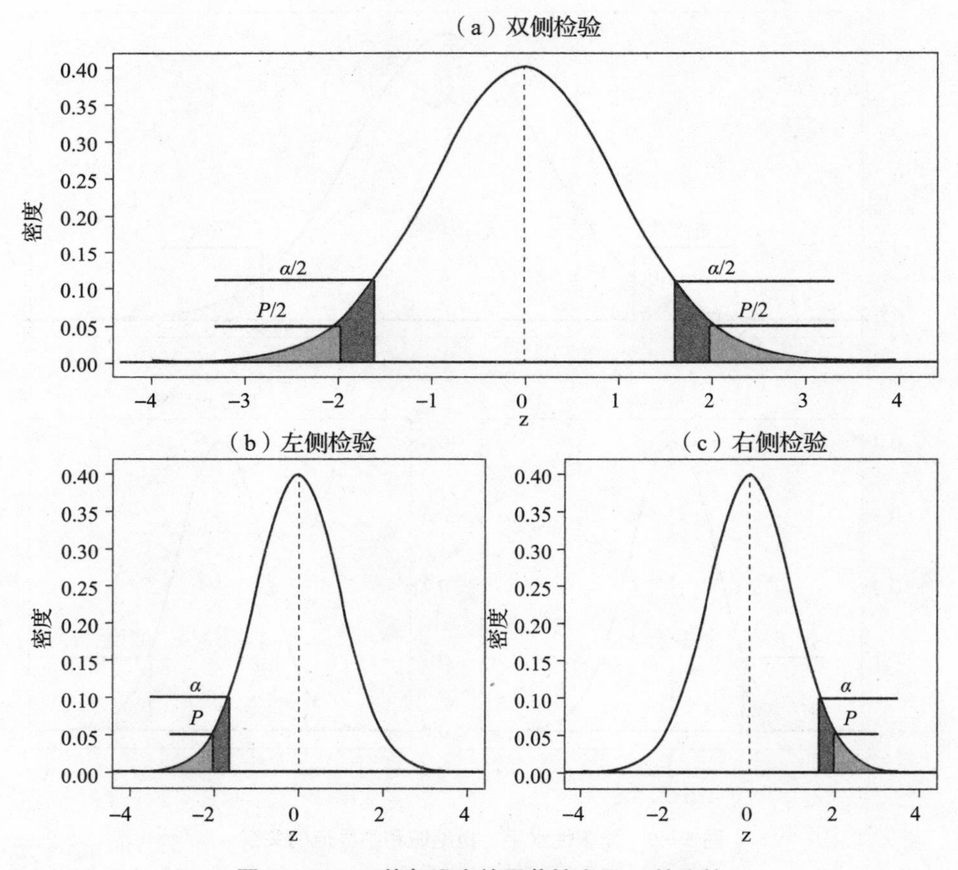

图 5－10　P 值与设定的显著性水平 α 的比较

用 P 值决策的规则很简单：如果 $P<\alpha$，拒绝 H_0；如果 $P>\alpha$，不拒绝 H_0（双侧检验将两侧面积的总和定义为 P）。

P 值决策优于统计量决策。与传统的统计量决策相比，P 值决策提供了更多的信息。比如，根据事先确定的 α 进行决策时，只要统计量的值落在拒绝域，无论它在哪个位置，拒绝原假设的结论都是一样的（只能说犯第Ⅰ类错误的概率是 α）。但实际上，统计量落在拒绝域不同的地方，实际的显著性是不同的。比如，统计量落在临界值附近与落在远离临界值的地方，实际的显著性就有较大差异。而 P 值是根据实际统计量算出的显著性水平，它告诉我们实际的显著性水平是多少。图 5－11 显示了拒绝原假设时的两个不同统计量的值及其 P 值，容易看出统计量决策与 P 值决策的差异。

彩图 5－10

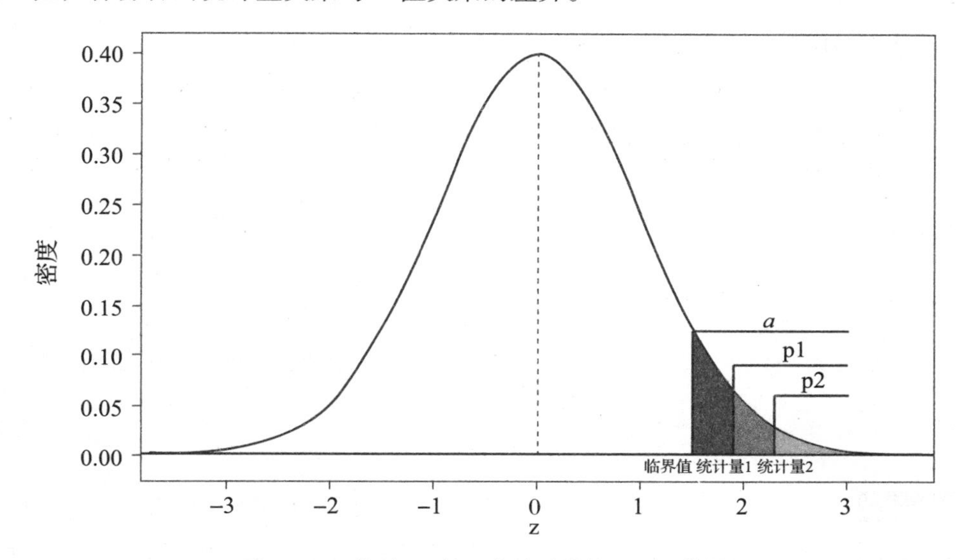

图 5－11　拒绝 H_0 的两个统计量的不同显著性

4. 表述结果

在假设检验中，当拒绝 H_0 时称样本结果是“统计上显著的”（statistically significant）；不拒绝 H_0 则称结果是“统计上不显著的”。当 $P<\alpha$ 拒绝 H_0 时，表示有足够的证明 H_0 是错误的；当不拒绝 H_0 时，通常不说“接受 H_0”。因为“接受” H_0 的表述隐含着证明了 H_0 是正确的。实际上，P 值只是推翻原假设的证据，而不是原假设正确的证据。没有足够的证据拒绝原假设并不等于已经“证明”原假设是真的，它仅仅意味着目前还没有足够的证据拒绝 H_0。比如，在 $\alpha=0.05$ 的显著性水平上检验假设：$H_0:\mu=50$，$H_1:\mu\neq 50$，假定根据样本数据算出的 $P=0.02$，由于 $P<\alpha$，拒绝 H_0，表示有证据表明 $\mu\neq 50$。如果 $P=0.2$，不拒绝 H_0，我们也没有证明 $\mu=50$，所以将结论描述为：没有证明表明 μ 不等于 100。

彩图 5－11

此外，采取“不拒绝 H_0”而不是“接受 H_0”的表述方法，也避免了第Ⅱ类错误发生的风险，因为“接受 H_0”所得结论可靠性由第Ⅱ类错误的概率 β 来度量，而 β 的控制又相对复杂，有时甚至根本无法知道β的值（除非你能确切给出β，否则就不宜表述成“接受”原假设）。当然，不拒绝H_0并不意味着H_0为真的概率很高，它只是意味着拒绝H_0要多的证据。

5.3.2 总体均值的检验

在对总体均值进行检验时，采用什么检验统计量取决于所抽取的样本是大样本（$n \geqslant 30$）还是小样本（$n < 30$），此外还需要考虑总体是否服从正态分布、总体方差σ^2是否已知等几种情形。

1. 大样本的检验

在大样本情况下，样本均值的抽样分布近似服从正态分布，其标准误为$\sigma / \sqrt{n}$。将样本均值$\bar{x}$标准化后即可得到检验的统计量。由于样本均值标准化后服从标准正态分布，因而采用正态分布的检验统计量。

设假设的总体均值为μ_0，当总体方差σ^2已知时，总体均值检验的统计量为：

$$z = \frac{\bar{x} - \mu_0}{\sigma / \sqrt{n}} \tag{5.12}$$

当总体方差σ^2未知时，可以用样本方差s^2来代替，此时总体均值检验的统计量为：

$$z = \frac{\bar{x} - \mu_0}{s / \sqrt{n}} \tag{5.13}$$

例 5-10 一种罐装饮料采用自动生产线生产，每罐的容量是255毫升，标准差为5毫升。为检验每罐容量是否符合要求，质检人员在某天生产的饮料中随机抽取40罐进行检验，测得每罐平均容量为255.8毫升。取显著性水平$\alpha = 0.05$，检验该天生产的饮料容量是否符合标准要求。

解 此时关心的是饮料容量是否符合要求，也就是μ是否为255毫升，大于或小于255毫升都不符合要求，因而属于双侧检验问题。提出的原假设和备择假设为：

$H_0: \mu = 255$，$H_1: \mu \neq 255$。

检验统计量为：

$$z = \frac{255.8 - 255}{5 / \sqrt{40}} = 1.011\ 9$$

检验统计量数值的含义是：样本均值与假设的总体均值相比，相差1.011 9个标准误。

由R函数pnorm得双尾检验的P=2*(1-pnorm(1.011 9))= 0.311 585 9。由于$P > \alpha = 0.05$，不拒绝原假设，表明样本提供的证据还不足以推翻原假设，因此没有证据表明该天生产的饮料不符合标准要求。

使用R的TeachingDemos包中的z.test函数可以进行总体方差已知条件下大样本的检验，代码和结果如代码框5-6所示。

代码框 5-6 总体均值的检验(大样本)

```
# 总体方差已知条件下大样本的检验
> library(TeachingDemos)
> z.test(255.8,mu=255,stdev=5,n=40,alternative="two.sided",conf.level=0.95)
        One Sample z-test
data:  255.8
z = 1.0119, n = 40.00000, Std. Dev. = 5.00000,
Std. Dev. of the sample mean = 0.79057, p-value =0.3116
alternative hypothesis: true mean is not equal to 255
95 percent confidence interval:
 254.2505  257.3495
sample estimates:
mean of 255.8
          255.8
```

注：TeachingDemos 包中的 z.test 函数格式为：

```
z.test(x,mu=0,stdev,alternative=c("two.sided","less","greater"),n=length(x),conf.level=0.95, ...)
```

其中，x 为数值向量或均值；mu 为假设的总体均值；alternative 为备择假设选项，默认为双侧检验；stdev 为已知的总体标准差；n 为样本量；conf.level 为置信水平。更多信息可查看帮助。

例 5-11 (数据：example5_11) 一种袋装牛奶的外包装标签上标示：每 100 克的蛋白质含量≥3 克。有消费者认为，标签上的说法不属实。为检验消费者的说法是否正确，一家研究机构随机抽取 50 袋进行检验，得到的检测结果如表 5-5 所示。

表 5-5 50 袋牛奶蛋白质含量的检测数据

2.96	2.96	2.92	3.01	2.96
2.95	3.07	2.86	2.95	2.96
2.98	2.91	2.95	3.04	2.86
2.94	2.93	2.91	2.95	2.91
2.84	3.13	3.02	3.02	2.94
2.98	2.92	3.06	3.06	2.89
3.05	2.99	3.00	3.00	3.02
2.88	3.03	3.01	3.05	2.98
2.98	3.00	2.93	2.98	3.05
2.97	2.81	2.90	3.04	3.03

检验每 100 克牛奶中的蛋白质含量是否低于 3 克：

(1) 假定总体标准差为 0.07 克，显著性水平为 0.01。

（2）假定总体标准差未知，显著性水平为0.05。

解（1）这里想支持的观点是每100克牛奶中的蛋白质含量低于3克，也就是μ小于3，属于左侧检验。提出的假设为：

$H_0:\mu\geqslant 3$（消费者的说法不正确）；$H_1:\mu<3$（消费者的说法正确）

根据样本数据计算得：$\bar{x}=2.970\,8$，根据式（5.12）得检验统计量为：

$$z=\frac{2.970\,8-3}{0.07/\sqrt{50}}=-2.949\,645$$

由R函数pnorm得$P=\text{pnorm}(-2.949\,645)=0.001\,591$。由于$P<\alpha=0.01$，拒绝原假设，表明每100克牛奶中的蛋白质含量显著低于3克。

（2）由于总体标准差未知，用样本标准差代替，使用式（5.13）作为检验的统计量。根据样本数据计算得$s=0.065\ 647$，检验统计量为：

$$z=\frac{2.984\,6-3}{0.065\,647/\sqrt{50}}=-3.145\,226$$

由R函数pnorm得$P=\text{pnorm}(-3.145\,226)=0.000\,830$。由于$P<\alpha=0.05$，拒绝原假设，表明每100克牛奶中的蛋白质含量显著低于3克。

使用R的BSDA包中的z.test函数可以进行大样本的检验，代码和结果如代码框5-7所示。

代码框5-7　总体均值的检验（大样本）

```
#（1）已知总体标准差 σ=0.07
> example5_11<-read.csv("C:/Rdata/example/chap05/example5_11.csv")
> library(BSDA)
> z.test(example5_11$ 蛋白质含量 ,mu=3,sigma.x=0.07,alternative="less",conf.level=0.99)
        One-sample z-Test
data:  example5_11$ 蛋白质含量
z = -2.9496, p-value = 0.001591
alternative hypothesis: true mean is less than 3
99 percent confidence interval:
        NA  2.99383
sample estimates:
mean of x
   2.9708

#（2）总体标准差未知，用样本标准差代替
> z.test(example5_11$ 蛋白质含量 ,mu=3,sigma.x=sd(example5_11$ 蛋白质含量 ),alternative="less",
conf.level=0.95)
        One-sample z-Test
data:  example5_11$ 蛋白质含量
```

```
z = -3.1452, p-value = 0.0008298
alternative hypothesis: true mean is less than 3
95 percent confidence interval:
         NA  2.986071
sample estimates:
mean of x
   2.9708
```

注：由于是左侧检验，所以只显示了置信区间的上限。更多信息可查看帮助。

2. 小样本的检验

在小样本（$n<30$）情形下，检验时首先假定总体服从正态分布[①]。检验统计量的选择与总体方差是否已知有关。

当总体方差σ^2已知时，即使是在小样本情况下，样本均值经标准化后仍然服从标准正态分布，此时可按式（5.12）对总体均值进行检验。

当总体方差σ^2未知时，需要用样本方差s^2代替σ^2，此时式（5.13）检验统计量不再服从标准正态分布，而是服从自由度为$n-1$的t分布。因此需要采用t分布进行检验，通常称之为“t检验”。检验的统计量为：

$$t=\frac{\bar{x}-\mu_0}{s/\sqrt{n}} \tag{5.14}$$

例 5-12（数据：example5_12）某大学的管理人员认为，大学生每天用手机玩游戏的时间超过2小时。为此，该管理人员随机抽取20个学生做了调查，得到每天用手机玩游戏的时间如表5-6所示。

表 5-6 每天用手机玩游戏的时间 （单位：小时）

2.2	2.5	2.4	1.5	0.3	3.5	2.4	0.9	3.3	2.9
2.8	1.6	2.2	3.8	4.0	1.8	3.0	1.7	0.8	3.4

假定每天用手机玩游戏的时间服从正态分布，检验大学生每天用手机玩游戏的时间是否显著超过2小时。

（1）假定每天用手机玩游戏时间的标准差为0.8小时，显著性水平为0.05。

（2）假设总体标准差未知，显著性水平为0.05。

（3）假设总体标准差未知，显著性水平为0.1。

解（1）依题意建立如下假设：

$$H_0:\mu\leqslant 2；\ H_1:\mu>2$$

① 如果无法确定总体是否服从正态分布，可以考虑将样本量增大到30以上，然后按大样本的方法进行检验。当然也可以事先对总体的正态性进行检验，此部分内容超出了本书范围，有兴趣的读者参阅贾俊平著《统计学——基于SPSS》(第4版)，中国人民大学出版社2022年出版。

由于总体标准差已知，虽然为小样本，但样本均值标准化后仍服从正态分布，因此可使用式（5.12）作为检验统计量。根据样本数据计算得$\bar{x}=2.35$，由式（5.12）得到统计量为：

$$z=\frac{2.35-2}{0.8/\sqrt{20}}=1.956\,559$$

由R函数pnorm得P=1-pnorm(1.956 559)= 0.025 199 67。由于$P<\alpha=0.05$，拒绝原假设，有证据表明大学生每天用手机玩游戏的时间显著超过2小时。

（2）由于总体标准差未知，样本均值标准化后服从自由度为$(n-1)$的t分布。因此需要用式（5.14）作为检验统计量。根据样本数据计算得$s=1.022\,638$，由式（5.14）得到统计量为：

$$t=\frac{2.35-2}{1.022\ \ 638/\sqrt{20}}=1.530\ \ 597$$

由R函数pt得P=1-pt(1.530 597,19)= 0.071 174 55。由于$P>\alpha=0.05$，不拒绝原假设，没有证据表明大学生每天用手机玩游戏的时间显著超过2小时。

（3）根据问题（2）的计算结果，由于$P=0.071\ \ 174\ \ 55<\alpha=0.1$，拒绝原假设，有证据表明大学生每天用手机玩游戏的时间显著超过2小时。

通过本例的检验结论可以看出，即使是对同一问题，由于给定的检验条件不同，可能会得出不同的结论。本例使用正态分布的检验结果与t检验的结果就不相同。此外，即使使用同一分布进行检验，由于事先设定的显著性水平不同，也可能得出不同的结论。比如，本例使用0.05和0.1的显著性水平的t检验就得出了不同的结论。

总体方差已知时，可使用R的BSDA包中的z.test函数进行小样本检验；总体方差未知时，可使用t.test函数进行小样本的检验，代码和结果如代码框5－8所示。

代码框5－8　总体均值的检验（小样本）

```
#（1）已知总体标准差 σ=0.8，使用z.test函数检验
> example5_12<-read.csv("C:/Rdata/example/chap05/example5_12.csv")
> library(BSDA)
> z.test(example5_12$游戏时间,mu=2,sigma.x=0.8,alternative ="greater",conf.level = 0.95)
        One-sample z-Test
data:  example5_12$游戏时间
z = 1.9566, p-value = 0.0252
alternative hypothesis: true mean is greater than 2
95 percent confidence interval:
 2.05576          NA
sample estimates:
mean of x
     2.35
```

```
#（2）总体标准差未知，使用 t.test 函数检验
> t.test(example5_12$ 游戏时间 ,mu=2,alternative ="greater",conf.level = 0.95)
            One Sample t-test
data:  example5_12$ 游戏时间
t = 1.5306, df = 19, p-value = 0.07117
alternative hypothesis: true mean is greater than 2
95 percent confidence interval:
 1.954601        Inf
sample estimates:
mean of x
      2.35
```

图 5－12 展示了一个总体均值检验的基本流程。

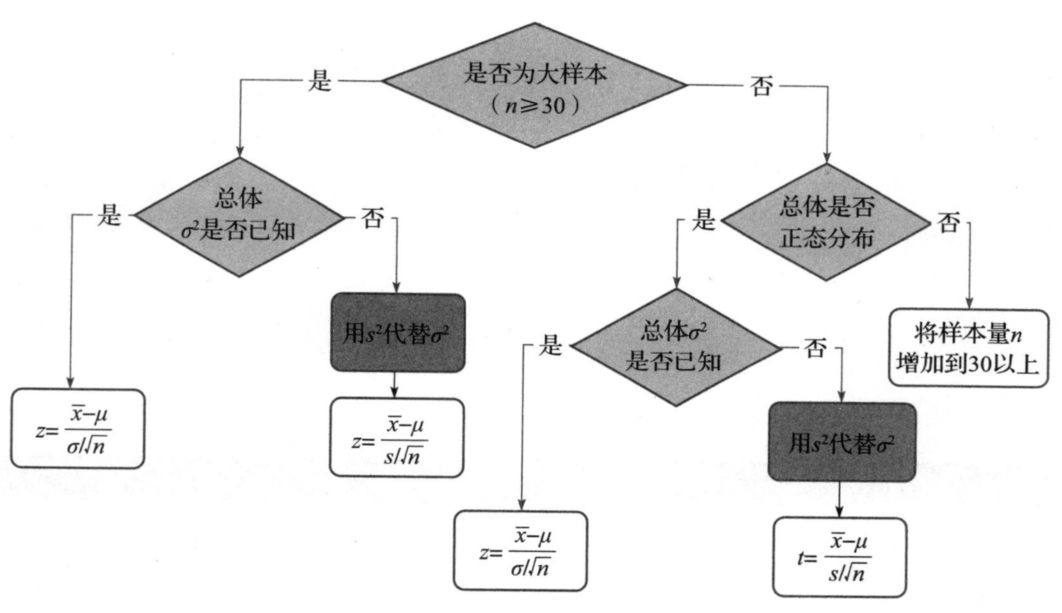

图 5－12　一个总体均值检验的基本流程

5.3.3 总体比例的检验

总体比例的检验程序与总体均值的检验类似，本节只介绍大样本①情形下的总体比例检验方法。在构造检验统计量时，仍然利用样本比例 p 与总体比例 π 之间的距离等于多少个标准误 σ_p 来衡量。由于在大样本情形下统计量 p 近似服从正态分布，而样本比例标准化后近似服从标准正态分布，因此检验的统计量为：

① 总体比例检验时，确定样本量是否“足够大”的方法与总体比例的区间估计一样，参见第 6 章。

$$z=\frac{p-\pi_0}{\sqrt{\frac{\pi_0(1-\pi_0)}{n}}} \tag{5.15}$$

例 5－13 一家网络游戏公司声称，其制作的某款网络游戏的玩家中女性超过 80%。为验证这一说法是否属实，该公司管理人员随机抽取了 200 个玩家进行调查，发现有 170 个女性经常玩该款游戏。分别取显著性水平 $\alpha=0.05$ 和 $\alpha=0.01$，检验该款网络游戏的玩家中女性的比例是否超过 80%。

解 该公司想证明的是该款游戏玩家中女性比例是否超过 80%，因此提出的原假设和备择假设为：

$$H_0:\mu\leqslant 80\%;\quad H_1:\mu>80\%$$

根据抽样结果计算得：$p=170/200=85\%$。

检验统计量为：

$$z=\frac{0.85-0.8}{\sqrt{\frac{0.8\times(1-0.8)}{200}}}=1.767\,767$$

由 R 函数 pnorm 得 P=1-pnorm(1.767 767)= 0.038 549 93。显著性水平为 0.05 时，由于 $P<0.05$，拒绝 H_0，样本提供的证据表明该款网络游戏的玩家中女性的比例超过 80%；显著性水平为 0.01 时，由于 $P>0.01$，不拒绝 H_0，样本提供的证据表明尚不能推翻原假设，没有证据表明该款网络游戏的玩家中女性的比例超过 80%。这个例子表明，对于同一个检验，不同的显著性水平将会得出不同的结论。

总体比例检验的 R 代码和结果如代码框 5－9 所示。

代码框 5－9 总体比例的检验

```
> n<-200
> x=170
> p<-x/n
> pi0<-0.8
> z<-(p-pi0)/sqrt(pi0*(1-pi0)/n)   # 计算检验统计量
> p_value<-1-pnorm(z)              # 计算 P 值
> data.frame(z,p_value)
         z      p_value
1 1.767767 0.03854994
```

思维导图

下面的思维导图展示了本章的内容框架。

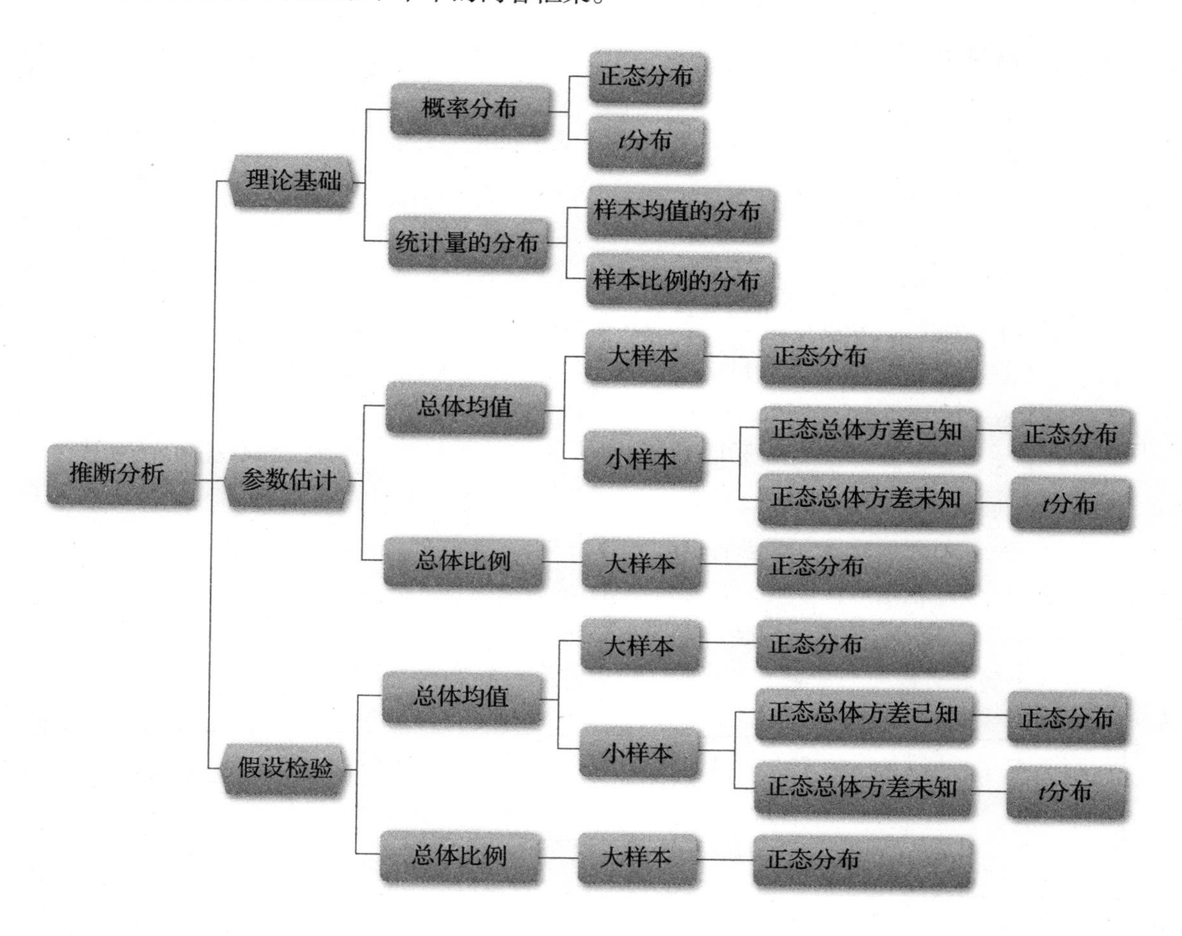

思考与练习

一、思考题

1. 解释中心极限定理的含义。
2. 什么是统计量的标准误差？它有什么用途？
3. 简要说明区间估计的基本原理。
4. 解释置信水平的含义。
5. 怎样理解置信区间？
6. 解释95%的置信区间。
7. $z\alpha/2\ \frac{\sigma}{\sqrt{n}}$ 的含义是什么？

8. 解释原假设和备择假设。

9. 怎样理解显著性水平?

10. 什么是 P 值? 用 P 值进行检验和用统计量进行检验有什么不同?

二、练习题

1. 计算以下概率和分位点:

(1) $X \sim N(500, 20^2), P(X \geqslant 510); P(400 \leqslant X \leqslant 450)$。

(2) $Z \sim N(0,1), P(0 \leqslant Z \leqslant 1.2); P(0.48 \leqslant Z \leqslant 0); P(Z \geqslant 1.2)$。

(3) 标准正态分布累积概率为 0.95 时的反函数值 z。

2. 计算以下概率和分位点:

(1) $X \sim t(\mathrm{d}f)$, $\mathrm{d}f$=15, t 值小于 −1.5 的概率。

(2) $\mathrm{d}f$=20, t 值大于 2 的概率。

(3) $\mathrm{d}f$=30, t 分布右尾概率为 0.05 时的 t 值。

3. 某种果汁饮料瓶子的标签上标明: 每 100ml 中维生素 C 的含量≥45mg。

(1) 为验证这一标识是否属实, 建立适当的原假设和备择假设。

(2) 当拒绝原假设时, 你会得到什么结论?

(3) 当不能拒绝原假设时, 你会得到什么结论?

4. 为调查每天上班乘坐地铁所花费的时间, 在某城市乘坐地铁的上班族中随机抽取 50 人, 得到他们每天上班乘坐地铁所花费的时间数据如下 (单位: 分钟)。

53	20	79	43	63
48	66	49	52	88
49	47	97	56	51
69	97	50	48	72
79	68	71	62	31
54	40	46	71	78
73	58	58	46	86
87	53	90	64	64
43	56	77	46	83
62	60	42	53	57

计算乘坐地铁平均花费时间的置信区间:

(1) 假定总体标准差为 20 分钟, 置信水平为 95%。

(2) 假定总体标准差未知, 置信水平为 90%。

5. 为监测空气质量，某城市环保部门每隔几周对空气烟尘质量进行一次随机测试。已知该城市过去每立方米空气中 PM2.5 的平均值是 82 微克。在最近一段时间的检测中，PM2.5 的数值如下（单位：微克）。

81.6	86.6	80.0	85.8	78.6	58.3	68.7	73.2
96.6	74.9	83.0	66.6	68.6	70.9	71.7	71.6
77.3	76.1	92.2	72.4	61.7	75.6	85.5	72.5
74.0	82.5	87.0	73.2	88.5	86.9	94.9	83.0

（1）构建 PM2.5 均值的 95% 的置信区间。

（2）根据最近的测量数据，当显著性水平 $\alpha=0.05$ 时，能否认为该城市空气中 PM2.5 的平均值显著低于过去的平均值。

6. 安装在一种联合收割机上的金属板的平均重量为 25kg。对某企业生产的 20 块金属板进行测量，得到的重量数据如下：

22.6	26.6	23.1	23.5
27.0	25.3	28.6	24.5
26.2	30.4	27.4	24.9
25.8	23.2	26.9	26.1
22.2	28.1	24.2	23.6

（1）假设金属板的重量服从正态分布，构建该金属板平均重量的 95% 的置信区间。

（2）检验该企业生产的金属板是否符合要求。假设总体方差为 5kg，$\alpha=0.01$；假设总体方差未知，$\alpha=0.05$。

7. 某居民小区共有居民 500 户，小区管理者准备采取一项新的供水设施，想了解居民是否赞成。采取重复抽样方法随机抽取了 50 户，其中有 32 户赞成，18 户反对。求总体中赞成新措施的户数比例的置信区间，置信水平为 95%。

8. 对消费者的一项调查表明，17% 的人早餐饮料是牛奶。某城市的牛奶生产商认为，该城市的人早餐饮用牛奶的比例更高。为验证这一说法，生产商随机抽取 550 人的一个随机样本，其中 115 人早餐饮用牛奶。在 $\alpha=0.05$ 显著性水平下，检验该生产商的说法是否属实。

第 6 章
相关与回归分析

学习目标

- 理解相关分析在回归建模中的作用。
- 正确解读相关系数。
- 了解回归模型与回归方程的含义。
- 理解最小平方法的原理，掌握回归建模的思路与方法。
- 用 R 语言建立线性回归模型，并对结果进行合理解读。

课程思政目标

- 相关与回归分析是根据数据建模来分析变量间关系的方法。学习时应注意利用宏观经济和社会数据说明回归分析的具体应用。
- 分析变量的选择应避免主观臆断，注意变量关系的科学性和合理性。利用相关和回归分析结果，客观与合理地解释社会经济现象之间的关系。

研究某些实际问题时往往涉及多个变量。如果着重分析关系变量之间的关系，就是相关分析；如果想利用变量间的关系建立模型来解释或预测某个特别关注的变量，则属于回归分析。本章首先介绍相关分析，然后介绍一元线性回归分析。

6.1 变量间关系的分析

相关分析的侧重点在于考察变量之间的关系形态及其关系强度。内容主要包括：（1）变量之间是否存在关系？（2）如果存在，它们之间是什么样的关系？（3）变量之间的关系强度如何？（4）样本所反映的变量之间的关系能否代表总体变量之间的关系？

6.1.1 变量间的关系

身高与体重有关系吗？一个人的收入水平同他的受教育程度有关系吗？商品的销售收入与广告支出有关系吗？如果有，又是什么样的关系？怎样来度量它们之间关系的强度呢？

从统计角度看，变量之间的关系大致可分为两种类型，即函数关系和相关关系。函数关系是人们比较熟悉的。设有两个变量 x 和 y，变量 y 随变量 x 一起变化，并完全依赖于 x，当 x 取某个值时，y 依确定的关系取相应的值，则称 y 是 x 的函数，记为 $y=f(x)$。

在实际问题中，有些变量间的关系并不像函数关系那么简单。例如，家庭储蓄与家庭收入这两个变量之间就不存在完全确定的关系。也就是说，收入水平相同的家庭，它们的储蓄额往往不同，而储蓄额相同的家庭，它们的收入水平也可能不同。这意味着家庭储蓄并不能完全由家庭收入一个因素所确定，还有银行利率、消费水平等其他因素的影响。正是由于影响一个变量的因素有多个，才造成了它们间关系的不确定性。变量之间这种不确定的关系称为**相关关系**（correlation）。

相关关系的特点是：一个变量的取值不能由另一个变量唯一确定，当变量 x 取某个值时，变量 y 的取值可能有多个，或者说，当 x 取某个固定的值时，y 的取值对应着一个分布。

例如，身高（y）与体重（x）的关系。一般情形下，身高较高的人其体重一般也比较高。但实际情况并不完全是这样，因为体重并不完全是由身高一个因素所决定的，还有其他许多因素的影响，比如，每天摄取的热量，每天的运动时间等，因此二者之间属于相关关系。这意味着身高相同的人他们的体重的取值有多个，即身高取某个值时，体重对应着一个分布。

再比如，一个人的收入（y）水平同他受教育年限（x）的关系。收入水平相同的人，他们受教育的年限也可能不同，而受教育年限相同的人，他们的收入水平也往往不同。因为收入水平虽然与受教育年限有关系，但它并不是决定收入的唯一因素，还有职业、工作年限等诸多因素的影响，二者之间是相关关系。因此，当受教育年限取某个值时，收入的取值则对应着一个分布。

6.1.2 相关关系的描述

描述相关关系的一个常用工具就是**散点图**（scatter diagram）。对于两个变量 x 和 y，散点图是在二维坐标中画出它们的 n 对数据点 (x_i, y_i)，并通过 n 个点的分布、形状等判断两个变量之间有没有关系、有什么样关系及大致的关系强度等。图 6－1 就是不同形态的散点图。

图 6－1（a）和图 6－1（b）是典型的线性相关关系形态，两个变量的观测点分布在一条直线周围，其中图 6－1（a）显示一个变量的数值增加，另一个变量的数值也随之增加，称为正线性相关；图 6－1（b）显示一个变量的数值增加，另一个变量的数值则随之

减少，称为负线性相关。图 6-1（c）和图 6-1（d）显示两个变量的观测点完全落在直线上，称为完全线性相关（这实际上就是函数关系），其中图 6-1（c）称为完全正相关，图 6-1（d）称为完全负相关。图 6-1（e）显示两个变量的各观测点在一条曲线周围分布，称为非线性关系。图 6-1（f）观测点很分散，无任何规律，表示变量之间没有相关关系。

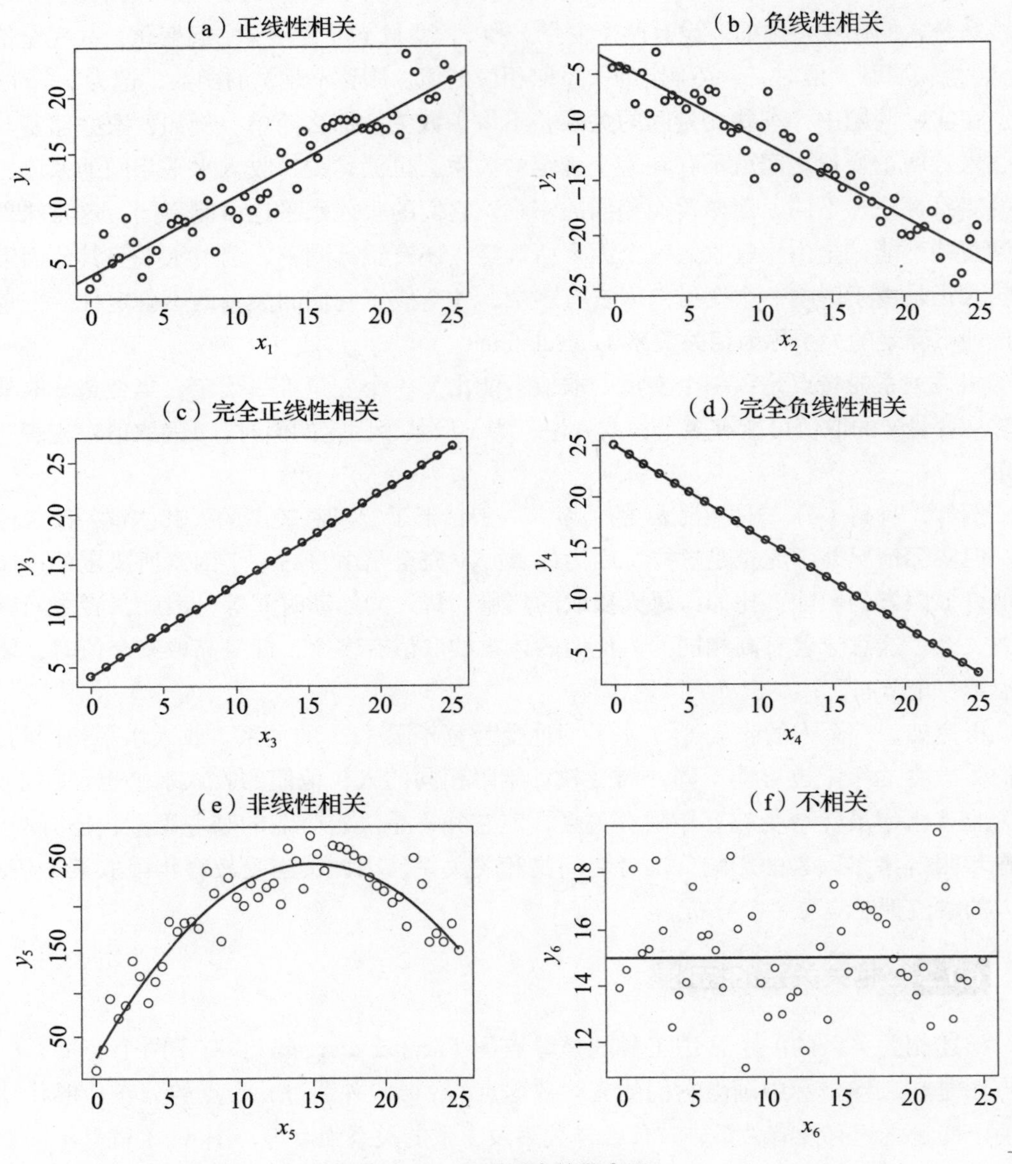

图 6-1　不同形态的散点图

例 6-1　（数据：example6_1）为研究销售收入、广告支出和销售网点之间的关系，随机抽取 25 家药品生产企业，得到它们的销售收入和广告支出数据如表 6-1 所示。绘制散点图描述销售收入与广告支出之间的关系。

表 6-1 25 家药品生产企业的销售收入和广告支出数据 （单位：万元）

企业编号	销售收入	广告支出
1	2 963.95	344.50
2	1 735.25	320.12
3	3 227.95	375.24
4	2 901.80	430.89
5	3 836.80	486.01
6	3 496.35	541.13
7	4 589.75	596.25
8	4 995.65	651.37
9	6 271.65	706.49
10	7 616.95	762.14
11	5 795.35	817.26
12	6 147.90	872.38
13	7 185.75	927.50
14	7 390.35	982.62
15	9 151.45	1 037.74
16	5 330.05	530.00
17	7 517.40	1 148.51
18	9 378.05	1 203.63
19	9 821.90	1 258.75
20	8 419.95	1 313.87
21	12 251.80	1 368.99
22	10 567.70	1 424.64
23	10 813.00	1 479.76
24	11 434.50	1 534.88
25	12 949.20	1 579.40

解 绘制散点图的 R 代码和结果如代码框 6-1 所示。

代码框 6-1 绘制销售收入与广告支出的散点图

```
> example6_1<-read.csv("C:/Rdata/example/chap06/example6_1.csv")
> library(ggpubr)                                          # 加载包
> ggscatterhist(data=example6_1,x=" 广告支出 ",y=" 销售收入 ",
+     size=2,color="blue4",                                # 设置点的大小和颜色
+     margin.plot="boxplot",                               # 设置边际图的类型为箱形图
+     margin.params=list(fill="lightblue",color="blue"))   # 设置箱形图的填充颜色和边线颜色
```

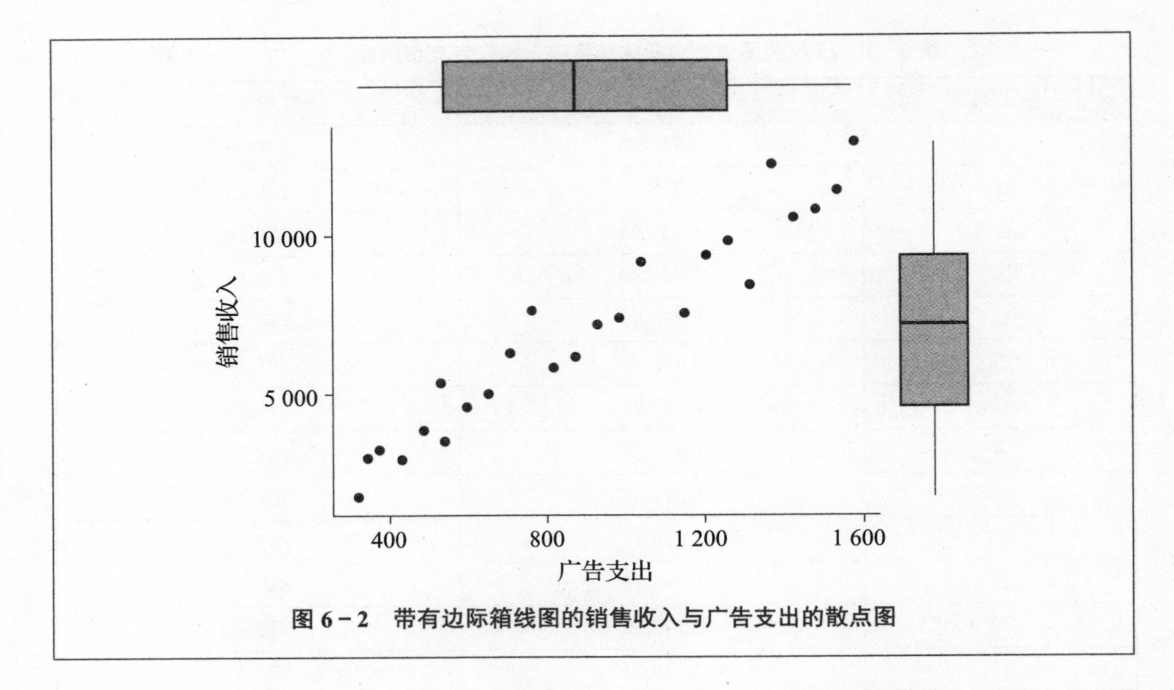

图 6-2 带有边际箱线图的销售收入与广告支出的散点图

图 6-2 显示，广告支出增加，销售收入也随之增加，二者的观测点分布在一条直线周围，因而具有正线性相关关系。两个箱线图显示销售收入和广告支出基本上为对称分布。

6.1.3 相关关系的度量

散点图可以判断两个变量之间有无相关关系，并对关系形态做出大致描述，但要准确度量变量间的关系强度，则需要计算相关系数。

相关系数（correlation coefficient）是度量两个变量之间线性关系强度的统计量。样本相关系数记为 r，计算公式为：

$$r=\frac{\sum(x-\bar{x})(y-\bar{y})}{\sqrt{\sum(x-\bar{x})^2\cdot\sum(y-\bar{y})^2}} \tag{6.1}$$

按式（6.1）计算的相关系数也称为**皮尔森相关系数**[①]（Pearson' s correlation coefficient）。

r 的取值范围在 -1 和 1 之间，即 $-1\leqslant r\leqslant 1$。$r>0$ 表明 x 与 y 之间存在正线性相关关系；$r<0$ 表明 x 与 y 之间存在负线性相关关系；$|r|=1$ 表明 x 与 y 之间为完全相关关系（实际上就是函数关系），其中 $r=1$ 表示 x 与 y 之间为完全正线性相关关系，$r=-1$ 表示 x 与 y 之间为完全负线性相关关系；$r=0$ 表明 x 与 y 之间不存在线性相关关系。

需要注意的是，r 仅仅是 x 与 y 之间线性关系的一个度量，它不能用于描述非线性关系。这意味着，$r=0$ 只表示两个变量之间不存在线性相关关系，并不表明变量之间没

① 相关和回归的概念是 1877—1888 年间由 Francis Galton 提出的，但真正使其理论系统化的是 Karl Pearson，为纪念他的贡献，将相关系数也称为 Pearson 相关系数。

有任何关系，比如它们之间可能存在非线性相关关系。当变量之间的非线性相关程度较强时，就可能会导致 $r=0$。因此，当 $r=0$ 或很小时，不能轻易得出两个变量之间没有关系的结论，而应结合散点图做出合理解释。

根据实际数据计算出的 r，其取值一般在 -1 和 1 之间。$|r|\to 1$ 说明两个变量之间的线性关系越强；$|r|\to 0$ 说明两个变量之间的线性关系越弱。在说明两个变量之间的线性关系的密切程度时，根据经验可将相关程度分为以下几种情况：当 $|r|\geqslant 0.8$ 时，可视为高度相关；当 $0.5\leqslant|r|<0.8$ 时，可视为中度相关；当 $0.3\leqslant|r|<0.5$ 时，可视为低度相关；当 $|r|<0.3$ 时，说明两个变量之间的相关程度极弱，可视为不相关。

例 6-2（数据：example6_1）沿用例 6-1。计算销售收入与广告支出之间的相关系数，并分析其关系强度。

解 计算相关系数的 R 代码和结果如代码框 6-2 所示。

代码框 6-2 计算相关系数

```
> example6_1<-read.csv("C:/Rdata/example/chap06/example6_1.csv")
> cor(example6_1$ 销售收入 ,example6_1$ 广告支出 )
[1] 0.9637056
```

相关系数 $r=0.963\,705\,6$，表示销售收入与广告支出之间有较强的正线性相关，即随着广告支出的增加，销售收入也增加。

6.2 一元线性回归建模

回归分析（regression analysis）是重点考察一个特定的变量（因变量），而把其他变量（自变量）看作是影响这一变量的因素，并通过适当的数学模型将变量间的关系表达出来，进而通过一个或几个自变量的取值来解释因变量或预测因变量的取值。在回归分析中，只涉及一个自变量时称为一元回归，涉及多个自变量时则称为多元回归。如果因变量与自变量之间是线性关系，则称为**线性回归**（linear regression）；如果因变量与自变量之间是非线性关系则称为**非线性回归**（nonlinear regression）。

回归分析的目的主要有两个，一是通过自变量来解释因变量，二是用自变量的取值来预测因变量的取值。一元线性回归建模的大致思路如下：

第 1 步：确定因变量和自变量，并确定它们之间的关系。

第 2 步：建立因变量与自变量的关系模型。

第 3 步：对模型进行评估和检验。

第 4 步：利用回归方程进行预测。

第 5 步：对回归模型进行诊断。

6.2.1 回归模型与回归方程

进行回归分析时，首先需要确定出因变量和自变量，然后确定因变量与自变量之间的关系。如果因变量与自变量之间为线性关系，则可以建立线性回归模型。

1. 回归模型

在回归分析中，被预测或被解释的变量称为**因变量**（dependent variable），也称**响应变量**（response variable），用y表示。用来预测或用来解释因变量的一个或多个变量称为**自变量**（independent variable），也称**解释变量**（explaining variable），用x表示。例如，在分析广告支出对销售收入的影响时，目的是要预测一定广告支出条件下的销售收入是多少，因此，销售收入是被预测的变量，称为因变量，而用来预测销售收入的广告支出就是自变量。

设因变量为y，自变量为x。模型中只涉及一个自变量时称为一元回归，若y与x之间为线性关系，称为一元线性回归。描述因变量y如何依赖于自变量x和误差项ε的方程称为**回归模型**（regression model）。只涉及一个自变量的一元线性回归模型可表示为：

$$y = \beta_0 + \beta_1 x + \varepsilon \tag{6.2}$$

式中，β_0和β_1为模型的参数。

式（6.2）表示，在一元线性回归模型中，y是x的线性函数（$\beta_0 + \beta_1 x$部分）加上误差项ε。$\beta_0 + \beta_1 x$反映了由于x的变化而引起的y的线性变化；ε是称为误差项的随机变量，它是除x以外的其他随机因素对y的影响，是不能由x和y之间的线性关系所解释的y的误差。

2. 回归方程

回归模型中的参数β_0和β_1是未知的，需要利用样本数据去估计。当用样本统计量$\hat{\beta}_0$和$\hat{\beta}_1$估计参数β_0和β_1时，就得到了**估计的回归方程**（estimated regression equation），它是根据样本数据求出的回归模型的估计。一元线性回归模型的估计方程为：

$$\hat{y} = \hat{\beta}_0 + \hat{\beta}_1 x \tag{6.3}$$

式中，$\hat{\beta}_0$为估计的回归直线在y轴上的截距；$\hat{\beta}_1$为直线的斜率，也称为**回归系数**（regression coefficient），它表示x每改变一个单位时，y的平均改变量。

6.2.2 参数的最小平方估计

对于x和y的n对观测值，用于描述其关系的直线有多条，究竟用哪条直线来代表两个变量之间的关系呢？我们自然会想到距离各观测点最近的那条直线，用它来代表x与y之间的关系与实际数据的误差比其他任何直线都小，也就是用图6-3中垂直方向的离差平方和来估计参数β_0和β_1，据此确定参数的方法称为**最小平方法**（method of least squares），也称为最小二乘法，它是使因变量的观测值y_i与估计值$\hat{y}_i$之间的离差平均和达到最小来估计β_0和β_1，因此也称为参数的最小平方估计。

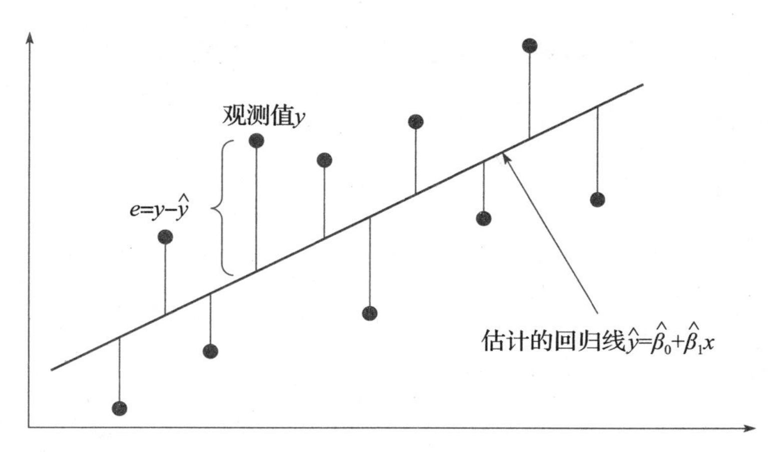

图 6-3 最小平方法示意图

用最小平方法拟合的直线有一些优良的性质。首先，根据最小平方法得到的回归直线能使离差平方和达到最小，虽然这并不能保证它就是拟合数据的最佳直线[①]，但这毕竟是一条与数据拟合良好的直线应有的性质。其次，由最小平方法求得的回归直线可知 β_0 和 β_1 的估计量的抽样分布。再次，在一定条件下，β_0 和 β_1 的最小平方估计量具有 $E(\hat{\beta}_0)=\beta_0$、$E(\hat{\beta}_1)=\beta_1$，而且同其他估计量相比，其抽样分布具有较小的标准差。正是基于上述性质，最小平方法被广泛用于回归模型参数的估计。

根据最小平方法得到的求解回归方程中系数的公式为：

$$\begin{cases} \hat{\beta}_1=\dfrac{\sum(x_i-\bar{x})(y_i-\bar{y})}{\sum(x_i-\bar{x})^2} \\ \hat{\beta}_0=\bar{y}-\hat{\beta}_1\bar{x} \end{cases} \tag{6.4}$$

例 6-3 （数据：example6_1）沿用例 6-1。求销售收入与广告支出的回归方程。

解 回归分析的 R 代码和结果如代码框 6-3 所示。

代码框 6-3 一元线性回归分析

```
# 回归模型的拟合
> example6_1<-read.csv("C:/Rdata/example/chap06/example6_1.csv")
> model<-lm( 销售收入 ~ 广告支出 ,data=example6_1)         # 拟合回归模型
> summary(model)                                          # 输出模型结果

Call:
lm(formula = 销售收入 ~ 广告支出 , data = example6_1)

Residuals:
     Min       1Q  Median      3Q     Max
-1677.28  -536.50  -90.33  216.23 1738.48
```

① 许多别的拟合直线也具有这种性质。

```
Coefficients:
            Estimate Std. Error t value   Pr(>|t|)
(Intercept)  179.119   432.285   0.414     0.682
广告支出       7.549     0.436  17.312  1.096e-14 ***
---
Signif. codes:  0 ‘***’ 0.001 ‘**’ 0.01 ‘*’ 0.05 ‘.’ 0.1 ‘ ’ 1

Residual standard error: 868.9 on 23 degrees of freedom
Multiple R-squared:  0.9287,   Adjusted R-squared:  0.9256
F-statistic: 299.7 on 1 and 23 DF,  p-value: 1.096e-14

# 计算回归系数的置信区间
> confint(model,level=0.95)                          # 回归系数 95% 的置信区间
                 2.5 %        97.5 %
(Intercept) -715.13012   1073.368570
广告支出        6.64676      8.450794

# 输出模型的方差分析表
> anova(model)
Analysis of Variance Table

Response: 销售收入
          Df    Sum Sq   Mean Sq  F value     Pr(>F)
广告支出   1 226252745 226252745  299.71  1.096e-14 ***
Residuals 23  17362833    754906
---
Signif. codes:  0 ‘***’ 0.001 ‘**’ 0.01 ‘*’ 0.05 ‘.’ 0.1 ‘ ’ 1

# 绘制拟合图
> model<-lm( 销售收入 ~ 广告支出 )                    # 拟合模型
> plot( 销售收入 ~ 广告支出 )                         # 绘制散点图
> text( 销售收入 ~ 广告支出 ,labels= 企业编号 ,cex=0.6,adj=c(-0.6,.25),col="blue4")
                                                     # 设置文本标签、字体大小、位置和颜色
> abline(model,col="red",lwd=2)                      # 添加回归线
> n=nrow(example6_1)                                 # 设置样本量
> for(i in 1:n){segments(example6_1[i,3],example6_1[i,2],example6_1[i,3],model$fitted[i],col=4) }
                                                     # 绘制线段
> mtext(expression(hat(y)==179.119+7.549%*% 广告支出 ),cex =0.7,side=1,line=-7.5,adj=0.75)
                                                     # 添加回归方程
> arrows(1100,5700,900,6900,code=2,angle=15,length=0.08)  # 添加带箭头的线段
```

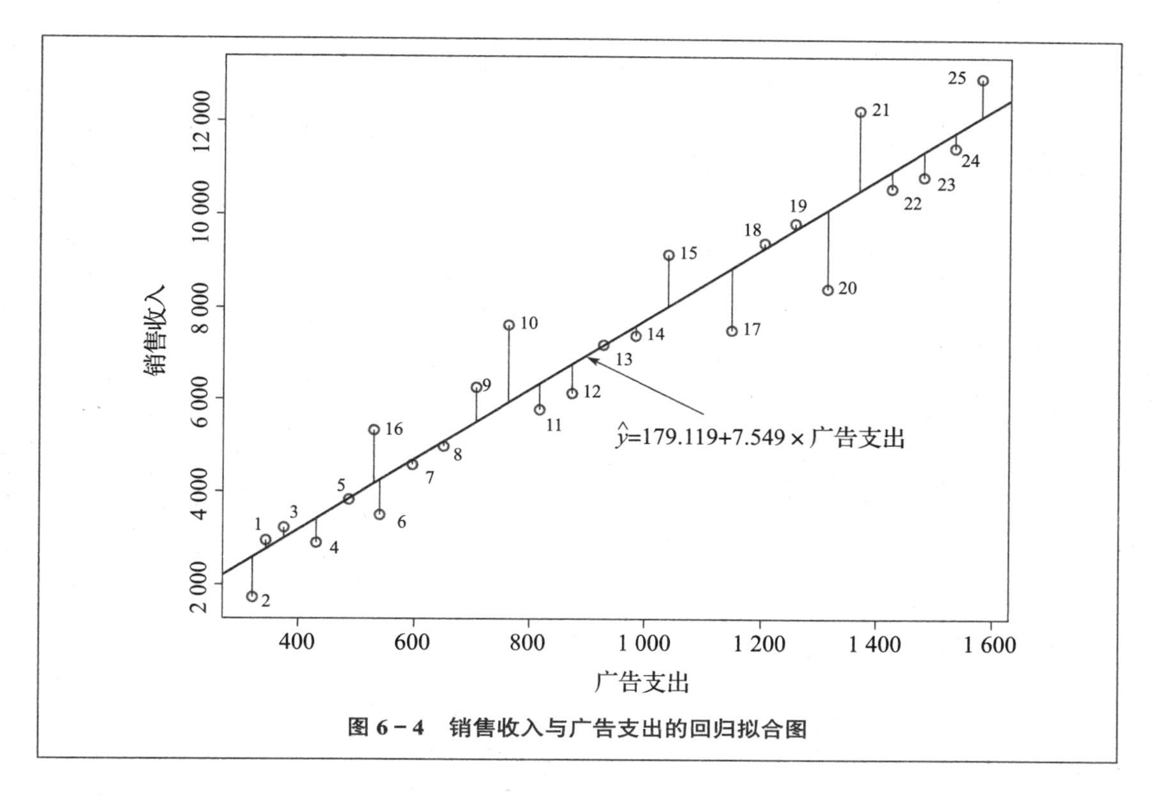

图 6－4　销售收入与广告支出的回归拟合图

由代码框 6－3 的回归结果可知，销售收入与广告支出的估计方程为：

$$\hat{y}=179.119+7.549$$

回归系数 7.549 表示，广告支出每改变（增加或减少）1 万元，销售收入平均变动（增加或减少）7.549 万元。截距 179.119 表示广告支出为 0 时，销售收入为 179.119 万元。但在回归分析中，对截距 $\hat{\beta}_0$ 通常不作实际意义上的解释，除非 $x=0$ 有实际意义。

彩图 6－4

代码框 6－3 输出的其他结果将在后面陆续介绍。

6.3 模型评估和检验

回归直线 $\hat{y}_i=\hat{\beta}_0+\hat{\beta}_1 x_i$ 在一定程度上描述了变量 x 与 y 之间的关系，根据这一方程，可用自变量 x 的取值来预测因变量 y 的取值，但预测的精度将取决于回归直线对观测数据的拟合程度。此外，因变量与自变量之间线性关系是否显著，也需要经过检验后才能得出结论。

6.3.1 模型评估

如果各观测数据的散点都落在这一直线上，那么这条直线就是对数据的完全拟合，直线充分代表了各个点，此时用 x 来估计 y 是没有误差的。各观察点越是紧密围绕直线，说明直线对观测数据的拟合程度越好，反之则越差。回归直线与各观测点的接近程度称为回归模型的**拟合优度**（goodness of fit）或称拟合程度。评价拟合优度的一个重要统计量就是决定系数。

1. 决定系数

决定系数（coefficient of determination）是对回归方程拟合优度的度量。为说明它的含义，需要考察因变量y取值的误差。

因变量y的取值是不同的，y取值的这种波动称为**误差**。误差的产生来自两个方面：一是由于自变量x的取值不同造成的；二是x以外的其他随机因素的影响。对一个具体的观测值来说，误差的大小可以用实际观测值y与其均值$\bar{y}$之差$(y-\bar{y})$来表示，如图6－5所示。而n次观测值的总误差可由这些离差的平方和来表示，称为**总平方和**（total sum of squares），记为$(y-\hat{y})$，即$SST=\sum(y_i-\bar{y})^2$。

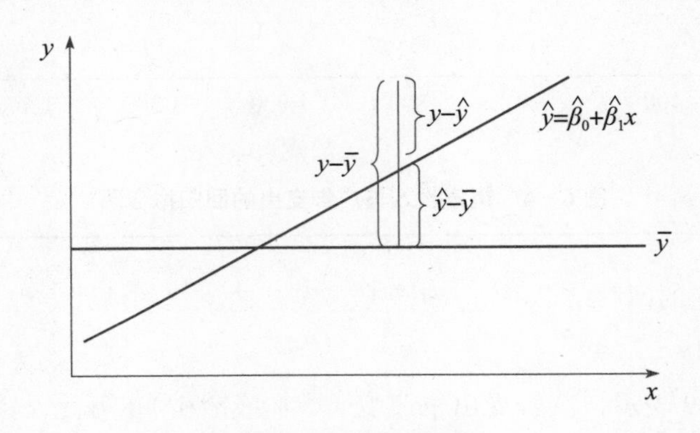

图6－5　误差分解图

图6－5显示，每个观测点的离差都可以分解为：$y-\bar{y}=(y-\hat{y})+(\hat{y}-\bar{y})$，两边平方并对所有$n$个点求和有：

$$\sum(y_i-\bar{y})^2=\sum(y_i-\hat{y}_i)^2+\sum(\hat{y}_i-\bar{y})^2+2\sum(y_i-\hat{y}_i)(\hat{y}_i-\bar{y}) \tag{6.5}$$

可以证明，$\sum(y_i-\hat{y}_i)(\hat{y}_i-\bar{y})=0$，因此有：

$$\sum(y_i-\bar{y})^2=\sum(y_i-\hat{y}_i)^2+\sum(\hat{y}_i-\bar{y})^2 \tag{6.6}$$

式（6.6）的左边称为总平方和SST，它被分解为两部分：其中$\sum(\hat{y}_i-\bar{y})^2$是回归值$\hat{y}_i$与均值$\bar{y}$的离差平方和，根据回归方程，估计值$\hat{y}_i=\hat{\beta}_0+\hat{\beta}_1x_i$，因此可以把$(\hat{y}_i-\bar{y})$看作是由于自变量$x$的变化引起的$y$的变化，而其平方和$\sum(\hat{y}-\bar{y})^2$则反映了$y$的总误差中由于$x$与$y$之间的线性关系引起的$y$的变化部分，它是可以由回归直线来解释的$y_i$的误差部分，**称为回归平方和**（regression sum of squares），记为SSR。另一部分$\sum(y_i-\hat{y}_i)^2$是实际观测点与回归值的离差平方和，它是除了x对y的线性影响之外的其他随机因素对y的影响，是不能由回归直线来解释的y_i的误差部分，称为**残差平方和**（residual sum of squares），记为SSE。三个平方和的关系为：

$$总平方和（SST）= 回归平方和（SSR）+ 残差平方和（SSE） \tag{6.7}$$

从图6－5可以直观地看出，回归直线拟合的好坏取决于回归平方和SSR占总平方和SST的比例SSR/SST的大小。各观测点越是靠近直线，SSR/SST则越大，直线拟合得越好。回归平方和占总平方和的比例称为决定系数或判定系数，记为R^2，其计算公式为：

$$R^2=\frac{SSR}{SST}=\frac{\sum(\hat{y}_i-\bar{y})^2}{\sum(y_i-\bar{y})^2} \tag{6.8}$$

决定系数R^2测度了回归直线对观测数据的拟合程度。若所有观测点都落在直线上，残差平方和$SSE=0$，$R^2=1$，拟合是完全的；如果y的变化与x无关，此时$\hat{y}=\bar{y}$，则$R^2=0$。可见R^2的取值范围是[0，1]。R^2越接近于1，回归直线的拟合程度就越好；R^2越接近于0，回归直线的拟合程度就越差。

在一元线性回归中，相关系数r是决定系数的平方根。这一结论可以帮助进一步理解相关系数的含义。实际上，相关系数r也从另一个角度说明了回归直线的拟合优度。$|r|$越接近1，表明回归直线对观测数据的拟合程度就越高。但用r说明回归直线的拟合优度需要慎重，因为r的值总是大于R^2的值（除非$r=0$或$|r|=1$）。比如，当$r=0.5$时，表面上看似乎有一半的相关了，但$R^2=0.25$，这表明自变量x只能解释因变量y的总误差的25%。$r=0.7$才能解释近一半的误差，$r<0.3$意味着只有很少一部分误差可由回归直线来解释。

例如，表6－2给出的决定系数$R^2=92.87\%$，其实际意义是：在销售收入取值的总误差中，有92.87 %可以由销售收入与广告支出之间的线性关系来解释，可见回归方程的拟合程度较高。

2. 估计标准误

估计标准误（standard error of estimate）残差的标准差，也称估计标准误差，用s_e来表示，一元线性回归的标准误的计算公式为：

$$s_e=\sqrt{\frac{\sum(y_i-\hat{y}_i)^2}{n-2}}=\sqrt{\frac{SSE}{n-2}} \tag{6.9}$$

s_e是度量各观测点在直线周围分散程度的一个统计量，它反映了实际观测值y_i与回归估计值$\hat{y}_i$之间的差异程度。s_e也是对误差项ε的标准差σ的估计，它可以看作是在排除了x对y的线性影响后，y随机波动大小的一个估计量。从实际意义看，s_e反映了用回归方程预测因变量y时预测误差的大小。各观测点越靠近直线，回归直线对各观测点的代表性就越好，s_e就会越小，根据回归方程进行预测也就越准确；若各观测点全部落在直线上，则$s_e=0$，此时用自变量来预测因变量是没有误差的。可见s_e也从另一个角度说明了回归直线的拟合优度。

例如，表6－2给出的标准误$s_e=868.9$。其实际意义是：根据广告支出来预测销售收入时，平均的预测误差为868.9万元。

6.3.2 显著性检验

在建立回归模型之前，已经假定 x 与 y 是线性关系，但这种假定是否成立，需要检验后才能证实。回归分析中的显著性检验主要包括线性关系检验和回归系数检验两个方面的内容。

1. 线性关系检验

线性关系检验简称 F 检验，它是检验因变量 y 和自变量 x 之间的线性关系是否显著，或者说，它们之间能否用一个线性模型 $y=\beta_0+\beta_1 x+\varepsilon$ 来表示。检验统计量的构造是以回归平方和（SSR）以及残差平方和（SSE）为基础的。将 SSR 除以其相应自由度（SSR 的自由度是自变量的个数 k，一元线性回归中自由度为 1）的结果称为回归**均方**（mean square)，记为 MSR；将 SSE 除以其相应自由度（SSE 的自由度为 $n-k-1$，一元线性回归中自由度为 $n-2$）的结果称为残差均方，记为 MSE。如果原假设（$H_0:\beta_1=0$，两个变量之间的线性关系不显著）成立，则比值 MSR/MSE 服从分子自由度为 k、分母自由度为 $n-k-1$ 的 F 分布，即：

$$F=\frac{SSR/1}{SSE/n-2}=\frac{MSR}{MSE}\sim F(1,n-2) \tag{6.10}$$

当原假设 $H_0:\beta_1=0$ 成立时，MSR/MSE 的值应接近 1，但如果原假设不成立，MSR/MSE 的值将变得无穷大。因此，较大的 MSR/MSE 值将导致拒绝 H_0，此时就可以断定 x 与 y 之间存在着显著的线性关系。线性关系检验的具体步骤如下：

第 1 步：提出假设：

$H_0:\beta_1=0$（两个变量之间的线性关系不显著）

$H_1:\beta_1\neq 0$（两个变量之间的线性关系显著）

第 2 步：计算检验统计量 F。

第 3 步：做出决策。确定显著性水平 α，并根据分子自由度 $df_1=1$ 和分母自由度 $df_2=n-2$ 求出统计量的 P 值，若 $P<\alpha$，则拒绝 H_0，表明两个变量之间的线性关系显著。

例如，表 6－2 给出了各个平方和、均方、检验统计量 F 及其相应的 P 值 (Sig.)。由于实际显著性水平为 p-value=1.096e-14，接近于 0，拒绝 H_0，表明销售收入与广告支出之间的线性关系显著。

2. 回归系数检验

回归系数检验简称 t 检验，它用于检验自变量对因变量的影响是否显著。在一元线性回归中，由于只有一个自变量，所以回归系数检验与线性关系检验是等价的（在多元线性回归中这两种检验不再等价）。回归系数检验的步骤为：

第 1 步：提出假设。

$H_0:\beta_1=0$（自变量对因变量的影响不显著）

$H_1:\beta_1\neq 0$（自变量对因变量的影响显著）

第 2 步：计算检验统计量。检验的统计量的构造是以回归系数 β_1 的抽样分布为基础的[①]。统计证明，$\hat{\beta}_1$ 服从正态分布，期望值为 $E(\hat{\beta}_1)=\beta_1$，标准差的估计量为：

$$s_{\hat{\beta}_1}=\frac{s_e}{\sqrt{\sum x_i^2-\frac{1}{n}\left(\sum x_i\right)^2}} \tag{6.11}$$

将回归系数标准化，就可以得到用于检验回归系数 β_1 的统计量 t。在原假设成立的条件下，$\hat{\beta}_1-\beta_1=\hat{\beta}_1$，因此检验统计量为：

$$t=\frac{\hat{\beta}_1}{s_{\hat{\beta}_1}}\sim t(n-2) \tag{6.12}$$

第 3 步：做出决策。确定显著性水平 α，并根据自由度 $df=n-2$ 计算出统计量的 P 值，若 $P<\alpha$，则拒绝 H_0，表明 x 对 y 的影响是显著的。

例如，表 6－2 给出了检验统计量 t 的显著性水平 Pr(>|t|)=1.096 e-14，由于显著性水平 Sig. 接近于 0，拒绝 H_0，表明广告支出是影响销售收入的一个显著性因素。

除对回归系数进行检验外，还可以对其进行估计。回归系数 β_1 在 $1-\alpha$ 置信水平下的置信区间为：

$$\hat{\beta}_1\pm t_{\alpha/2}(n-2)\frac{s_e}{\sqrt{\sum_{i=1}^{n}(x_i-\bar{x})^2}} \tag{6.13}$$

回归模型中的常数 β_0 在 $1-\alpha$ 置信水平下的置信区间为：

$$\hat{\beta}_0\pm t_{\alpha/2}(n-2)s_e\sqrt{\frac{1}{n}+\frac{\bar{x}}{\sum_{i=1}^{n}(x_i-\bar{x})^2}} \tag{6.14}$$

表 6－2 中的回归结果中，给出的 β_1 的 95% 的置信区间为（6.64676，8.450794），β_0 的 95% 的置信区间为（−715.130 12，1 073.368 57）。其中 β_1 的置信区间表示：广告费用每变动 1 万元，销售收入的平均变动量在 6.646 76 万元到 8.450 794 万元之间。

6.4 回归预测和残差分析

6.4.1 回归预测

回归分析的目的之一是根据所建立的回归方程，用给定的自变量来预测因变量。如果对于 x 的一个给定值 x_0，求出 y 的一个预测值 $\hat{y}_0$，就是点估计。在点估计的基础上，

① 回归方程 $\hat{y}_i=\hat{\beta}_0+\hat{\beta}_1 x_i$ 是根据样本数据计算的。当抽取不同的样本时，就会得出不同的估计方程。实际上，$\hat{\beta}_0$ 和 $\hat{\beta}_1$ 是根据最小二乘法得到的用于估计参数 β_0 和 β_1 的统计量，它们都是随机变量，也都有自己的分布。

可以求出 y 的一个估计区间①。

例 6－4 （数据：example6_1.csv）沿用例 6－1。求 25 家企业销售收入的点估计值，并求出广告支出为 1 000 万元时的销售收入预测。

解 根据例 6－3 得到的估计方程为 $\hat{y}=179.119\ 2+7.548\ 8$，将各企业广告支出的数据代入，即可得到各企业销售收入的点估计值。R 代码和结果如代码框 6－4 所示。

代码框 6－4 计算销售收入的点预测值

```
# 计算 25 家企业的点预测值
> example6_1<-read.csv("C:/Rdata/example/chap06/example6_1.csv")
> model<-lm( 销售收入 ~ 广告支出 ,data=example6_1)
> x0<-example6_1$ 广告支出                                  # 设置自变量的值
> pre_model<-predict(model,data.frame( 广告支出 =x0))        # 计算点预测值
> res<-model$res                                           # 计算残差
> df<-data.frame(example6_1, 点预测值 =pre_model, 残差 =res)  # 组织成数据框
> round(df,2)                                              # 结果保留 2 位小数
   企业编号  销售收入  广告支出   点预测值     残差
1         1   2963.95    344.50    2779.67   184.28
2         2   1735.25    320.12    2595.63  -860.38
3         3   3227.95    375.24    3011.72   216.23
4         4   2901.80    430.89    3431.81  -530.01
5         5   3836.80    486.01    3847.90   -11.10
6         6   3496.35    541.13    4263.99  -767.64
7         7   4589.75    596.25    4680.08   -90.33
8         8   4995.65    651.37    5096.17  -100.52
9         9   6271.65    706.49    5512.25   759.40
10       10   7616.95    762.14    5932.34  1684.61
11       11   5795.35    817.26    6348.43  -553.08
12       12   6147.90    872.38    6764.52  -616.62
13       13   7185.75    927.50    7180.61     5.14
14       14   7390.35    982.62    7596.70  -206.35
15       15   9151.45   1037.74    8012.79  1138.66
16       16   5330.05    530.00    4179.97  1150.08
17       17   7517.40   1148.51    8848.96 -1331.56
18       18   9378.05   1203.63    9265.05   113.00
19       19   9821.90   1258.75    9681.14   140.76
20       20   8419.95   1313.87   10097.23 -1677.28
21       21  12251.80   1368.99   10513.32  1738.48
22       22  10567.70   1424.64   10933.41  -365.71
23       23  10813.00   1479.76   11349.50  -536.50
24       24  11434.50   1534.88   11765.59  -331.09
25       25  12949.20   1579.40   12101.66   847.54
```

① 这部分内容超出了本书的范围，有兴趣的读者可参阅介绍回归方面的书籍。

```
# 计算 x0=1000 时销售收入的点预测值
> x0<- data.frame( 广告支出 =1000)
> predict(model,newdata=x0)
7727.896
```

6.4.2 残差分析

根据所建立的估计方程预测因变量时，预测效果的好坏还要看预测误差的大小。因此需要进行残差分析。

残差（residual）是因变量的观测值 y_i 与根据回归方程求出的预测值 $\hat{y}_i$ 之差，用 e 表示，它反映了用回归方程预测 y_i 而引起的误差。第 i 个观测值的残差可以写为：

$$e_i = y_i - \hat{y}_i \tag{6.15}$$

表 6－3 中给出了预测的残差。残差分析主要是通过残差图来完成。残差图是用横轴表示回归预测值 $\hat{y}_i$ 或自变量 x_i 的值，纵轴表示对应的残差 e_i，每个 x_i 的值与对应的残差 e_i 用图中的一个点来表示。为解读残差图，首先考察一下残差图的形态及其所反映的信息。图 6－6 给出了几种不同形态的残差图。

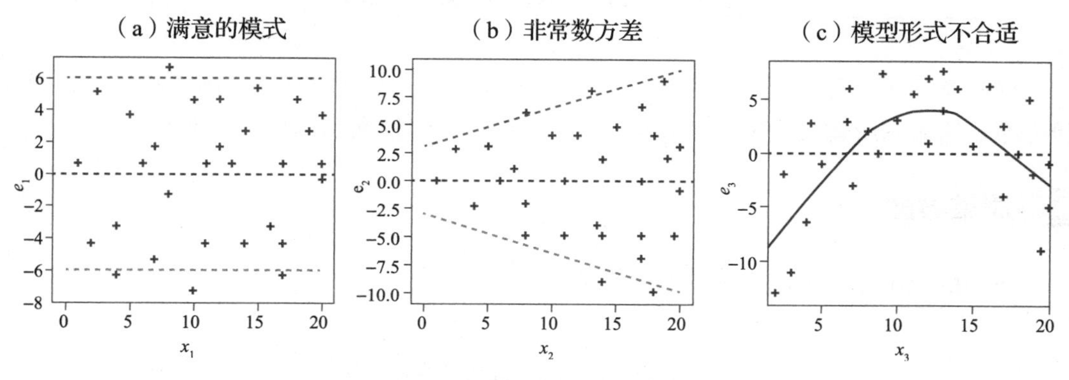

图 6－6　不同形态的残差图

如果模型是正确的，那么残差图中的所有点都应以均值 0 为中心随机分布在一条水平带中间，如图 6－6（a）所示。如果对所有的 x 值，ε 的方差是不同的，比如，对于较大的 x 值相应的残差也较大或对于较大的 x 值相应的残差较小，如图 6－6（b）所示，这就意味着违背了回归模型关于方差相等的假定①。如果残差图如图 6－6（c）所示，表明所选择的回归模型不合理，这时应考虑非线性回归模型。

彩图 6－6

例 6－5（数据：example6_1）沿用例 6－1。绘制 25 家企业销售收入预测的残差图，判断所建立的回归模型是否合理。

解 根据上面建立的回归模型 model，使用 plot 函数可以输出模型的多幅诊断图，这里只输出残差图，R 代码和结果如代码框 6－5 所示。

① 关于回归模型的假定请参阅介绍回归方面的书籍。

代码框 6-5　绘制模型的残差图

```
plot(model,which=1)      # 只输出第 1 幅图
```

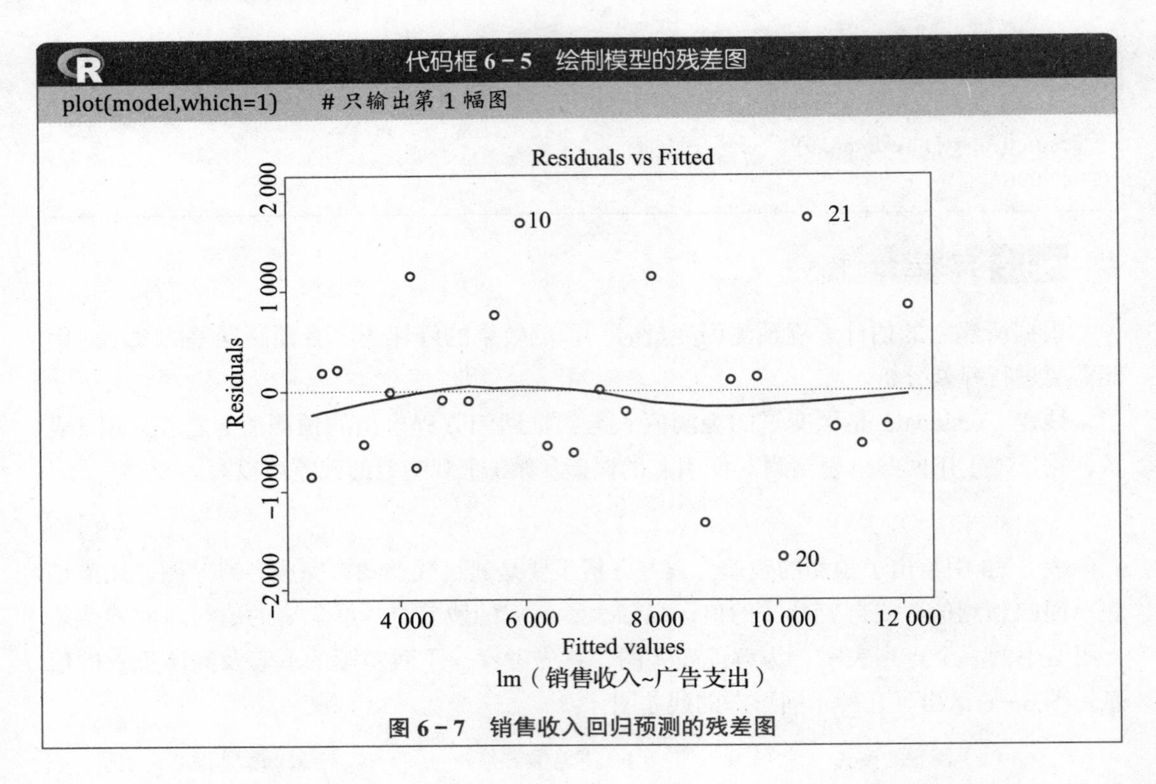

图 6-7　销售收入回归预测的残差图

残差图显示，各残差基本上位于一条水平带中间，而且没有任何固定的模式，呈随机分布。这表明所建立的销售收入与广告支出的一元线性回归模型是合理的。

思维导图

下面的思维导图展示了本章的内容框架。

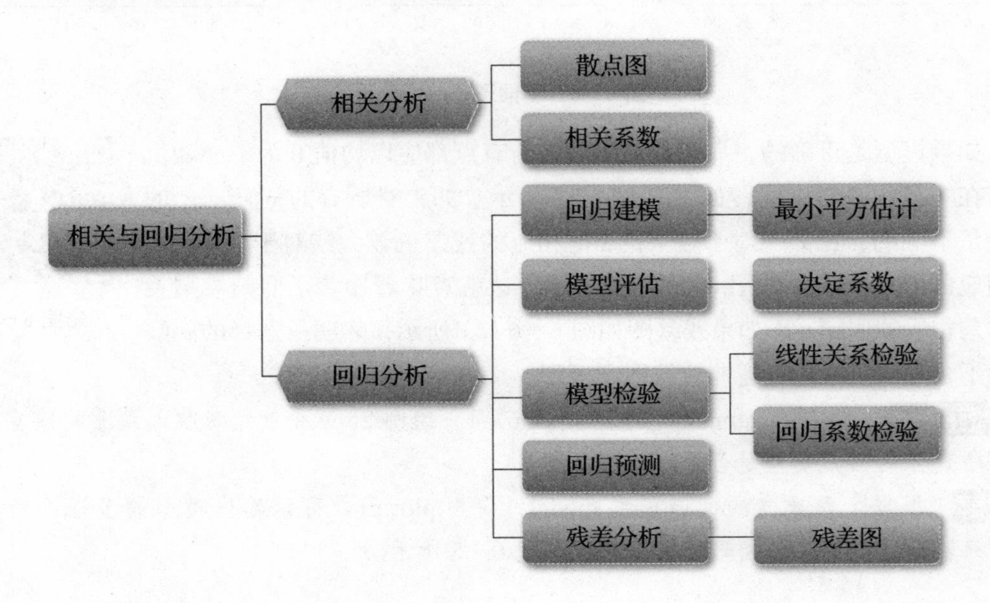

思考与练习

一、思考题

1. 解释相关关系的含义，说明相关关系的特点。
2. 相关分析主要解决哪些问题?
3. 解释回归模型、回归方程的含义。
4. 简述参数最小二乘估计的基本原理。
5. 解释总平方和、回归平方和、残差平方和的含义，并说明它们之间的关系。
6. 简述判定系数的含义和作用。
7. 简述线性关系检验和回归系数检验的具体步骤。

二、练习题

1. 20个学生的身高和体重数据如下:

身高(cm)	体重(kg)	身高(cm)	体重(kg)
161.3	53.7	168.4	62.2
162.2	55.3	170.1	62.4
164.9	57.5	170.1	62.8
165.3	57.5	171.2	63
165.5	58.3	171.3	63.3
166.5	58.6	172.1	64.4
166.6	58.8	172.6	64.7
168	58.8	174.4	64.9
168.1	59.2	175.3	66.1
168.3	61.4	175.5	67.5

(1)绘制身高与体重的散点图，判断二者之间的关系形态。

(2)计算身高与体重之间的线性相关系数，分析说明二者之间的关系强度。

2. 随机抽取10家航空公司，对其最近一年的航班正点率和顾客投诉次数进行调查，所得数据如下:

航空公司编号	航班正点率(%)	投诉次数(次)
1	81.8	21
2	76.6	58
3	76.6	85
4	75.7	68

续表

航空公司编号	航班正点率（%）	投诉次数（次）
5	73.8	74
6	72.2	93
7	71.2	72
8	70.8	122
9	91.4	18
10	68.5	125

（1）用航班正点率作自变量，顾客投诉次数作因变量，求出回归方程，并解释回归系数的意义。

（2）检验回归系数的显著性（$\alpha=0.05$）。

（3）如果航班正点率为80%，估计顾客的投诉次数。

3. 随机抽取15家快递公司，得到它们的日配送量与配送人员的数据如下：

配送人员（人）	日配送量（件）	配送人员（人）	日配送量（件）
66	640	171	1 310
85	680	184	1 460
92	940	197	1 530
105	950	211	1 590
118	960	224	1 780
132	1 000	237	1 800
145	1 060	260	1 850
158	1 300		

（1）以配送量为因变量，配送人员为自变量建立回归模型。

（2）对模型进行评估和检验（$\alpha=0.05$）。

（3）预测配送人员为200人时，配送量的置信区间与预测区间。

（4）计算残差并绘制残差图，分析模型是否合理。

第 7 章

时间序列分析

学习目标

- 掌握各种增长率的计算方法和应用场合。
- 了解时间序列的成分。
- 掌握指数平滑法预测和趋势预测的方法和应用。
- 理解时间序列平滑的用途。
- 使用 R 进行预测。

课程思政目标

- 学习时间序列应重点结合我国宏观经济和社会数据、企业经营管理数据，掌握时间序列方向和预测方法的具体应用。
- 进行时间序列分析应选择反映中国特色社会主义建设成就的数据，分析我国社会经济发展的成就，分析未来的发展方向和趋势。

时间序列（times series）是按时间顺序记录的一组数据。其中观察的时间可以是年份、季度、月份或其他任何时间形式。为便于表述，本章用 t 表示所观察的时间，$Y_t(t=1, 2, \cdots n)$ 表示在时间 t 上的观测值。对于时间序列数据，人们通常关心其未来的变化，也就是要对未来做出预测。比如，明年的企业销售额会达到多少？下个月的住房销售价格会下降吗？这只股票明天会上涨吗？要对未来的结果做出预测，就需要知道它们在过去的一段时间里是如何变化的，这就需要考察时间序列的变化形态，进而建立适当的模型进行预测。本章首先介绍增长率的计算与分析，然后介绍时间序列的一些简单预测方法。

7.1 增长率分析

在一些经济报道中常使用增长率。增长率是对现象在不同时间的变化状况所做的描述。由于对比的基期不同，增长率有不同的计算方法。本节主要介绍增长率、平均增长率和年化增长率的计算方法。

7.1.1 增长率与平均增长率

增长率（growth rate）是时间序列中报告期观测值与基期观测值之比，也称增长速度，用百分比（%）表示。

由于对比的基期不同，增长率可以分为环比增长率和定基增长率。环比增长率是报告期观测值与前一时期观测值之比减 1，说明观测值逐期增长变化的程度；定基增长率是报告期观测值与某一固定时期观测值之比减 1，说明观测值在整个观察期内总的增长变化程度。设增长率为 G，则环比增长率和定基增长率可表示为：

环比增长率：

$$G_i=\frac{Y_i-Y_{i-1}}{Y_{i-1}}\times 100\%=\left(\frac{Y_i}{Y_{i-1}}-1\right)\times 100\quad(i=1,2,\cdots,n)\tag{7.1}$$

定基增长率：

$$G_i=\frac{Y_i-Y_0}{Y_0}\times 100\%=\left(\frac{Y_i}{Y_0}-1\right)\times 100\quad(i=1,2,\cdots,n)\tag{7.2}$$

式中：Y_0 表示用于对比的固定基期的观测值。

平均增长率（average rate of increase）是时间序列中各逐期环比值（也称环比发展速度）的几何平均数（n 个观测值连乘的 n 次方根）减 1 后的结果，也称平均发展速度。

平均增长率用于描述观测值在整个观察期内平均增长变化的程度，计算公式为：

$$\bar{G}=\left(\sqrt[n]{\frac{Y_1}{Y_0}\times\frac{Y_2}{Y_1}\times\cdots\times\frac{Y_n}{Y_{n-1}}}-1\right)\times 100=\left(\sqrt[n]{\frac{Y_n}{Y_0}}-1\right)\times 100\tag{7.3}$$

式中：$\bar{G}$ 表示平均增长率，n 为环比值的个数。

例 7－1（数据：example7_1）表 7－1 是 2011—2020 年我国的居民消费水平数据，计算：（1）2011—2020 年的环比增长率；（2）以 2011 年为固定基期的定基增长率；（3）2011—2020 年的年平均增长率，并根据年平均增长率预测 2021 年和 2022 年的 GDP。

表 7－1　2011—2020 年我国的居民消费水平数据　　（单位：元）

年份	居民消费水平
2011	12 668
2012	14 074

续表

年份	居民消费水平
2013	15 586
2014	17 220
2015	18 857
2016	20 801
2017	22 969
2018	25 245
2019	27 504
2020	27 438

解 环比增长率和定基增长率计算的 R 代码和结果如代码框 7-1 所示。

代码框 7-1 计算环比增长率和定基增长率

```
# 计算环比增长率和定基增长率
> df<-read.csv("C:/Rdata/example/chap07/example7_1.csv")
> g1=round((exp(diff(log(df[,2])))-1)*100,2)          # 计算环比增长率，结果保留 2 位小数
> g2=round((df[,2]/df[1,2,]-1)*100,2)                 # 计算定基增长率，结果保留 2 位小数
> data.frame(df[,1:2], 环比增长率 =c(NA,g1), 定基增长率 =replace(g2,g2==0,NA)) # 组织成数据框
   年份  居民消费水平  环比增长率  定基增长率
1  2011        12668          NA          NA
2  2012        14074       11.10       11.10
3  2013        15586       10.74       23.03
4  2014        17220       10.48       35.93
5  2015        18857        9.51       48.86
6  2016        20801       10.31       64.20
7  2017        22969       10.42       81.32
8  2018        25245        9.91       99.28
9  2019        27504        8.95      117.11
10 2020        27438       -0.24      116.59

# 根据式（7.3）计算年平均增长率
> g_bar<-(((df[10,2]/df[1,2])^(1/9))-1)*100
> round(g_bar,2)
[1] 8.97
```

由代码框 7-1 的计算结果可知，2011—2020 年居民消费水平的年平均增长率为 8.97%，或者说，居民消费水平平均每年按 8.97% 的增长率增长。

根据年平均增长率预测 2021 年、2022 年的居民消费水平分别为：

$\hat{Y}_{2021}$=2020年居民消费水平$\times(1+\bar{G})=27\,438\times(1+8.97\%)=29\,898.28$（元）。

$\hat{Y}_{2022}$=2020年居民消费水平$\times(1+\bar{G})^2=274\,38\times(1+8.97\%)^2=32\,579.18$（元）。

7.1.2 年化增长率

增长率可根据年度数据计算，例如本年与上年相比计算的增长率，称为年增长率；也可以根据月份数据或季度数据计算，例如本月与上月相比或本季度与上季度相比计算的增长率，称为月增长率或季增长率。但是，当所观察的时间跨度多于一年或少于一年时，用年化增长率进行比较就显得很有用了。也就是将月或季增长率换算成年增长率，从而使各增长率具有相同的比较基础。当增长率以年来表示时称为**年化增长率**（annualized growth rate）。

年化增长率的计算公式为：

$$G_A=\left(\left(\frac{Y_i}{Y_{i-1}}\right)^{m/n}-1\right)\times100 \tag{7.4}$$

式中：G_A 为年化增长率；m 为一年中的时期个数；n 为所跨的时期总数。

如果是月增长率被年度化，则 $m=12$（一年有 12 个月）；如果是季度增长率被年度化，则 $m=4$，其余类推。显然，当 $m=n$ 时，即为年增长率。

例 7－2 已知某企业的如下数据，计算年化增长率。

（1）2020 年 1 月份的净利润为 25 亿元，2021 年 1 月份的净利润为 30 亿元。

（2）2020 年 3 月份销售收入为 240 亿元，2022 年 6 月份的销售收入为 300 亿元。

（3）2022 年 1 季度出口额为 5 亿元，2 季度出口额为 5.1 亿元。

（4）2019 年 4 季度的工业增加值为 28 亿元，2022 年 4 季度的工业增加值为 35 亿元。

解 （1）由于是月份数据，所以 $m=12$，从 2020 年 1 月到 2021 年 1 月所跨的月份总数为 12，所以 $n=12$。根据式（7.4）得：

$$G_A=\left(\left(\frac{30}{25}\right)^{12/12}-1\right)\times100=20\%$$

即年化增长率为 20%，这实际上就是年增长率，因为所跨的时期总数为一年，也就是该企业净利润的年增长率为 20%。

（2）$m=12$，$n=27$，年化增长率为：

$$G_A=\left(\left(\frac{300}{240}\right)^{12/27}-1\right)\times100=10.43\%$$

结果表明，该企业销售收入增长率按年计算为 10.43%。

（3）由于是季度数据，所以 $m=4$，从 1 季度到 2 季度所跨的时期总数为 1，所以 $n=1$。年化增长率为：

$$G_A=\left(\left(\frac{5.1}{5.0}\right)^{4/1}-1\right)\times100=8.24\%$$

结果表明，第 2 季度的出口额增长率按年计算为 8.24%。

（4）$m=4$，从 2019 年 4 季度到 2022 年 4 季度所跨的季度总数为 12，所以 $n=12$。年化增长率为：

$$G_A=\left(\left(\frac{35}{28}\right)^{4/12}-1\right)\times 100=7.72\%$$

表明工业增加值的增长率按年计算为 7.72%，这实际上就是工业增加值的年平均增长率。

本节介绍几种增长率的计算方法。对于社会经济现象的时间序列或企业经营管理方面的时间序列，经常利用增长率来描述其增长状况。但实际应用中，有时也会出现误用乃至滥用的情况。因此，在用增长率分析实际问题时，应注意以下几点：

首先，当时间序列中的观测值出现 0 或负数时，不宜计算增长率。例如，假定某企业连续 5 年的利润额（单位：万元）分别为 5 000、2 000、0、– 3 000、2 000 万元，对这一序列计算增长率，要么不符合数学公理，要么无法解释其实际意义。在这种情况下，适宜直接用绝对数进行分析。

其次，在有些情况下，不能单纯就增长率论增长率，要注意增长率与绝对水平的结合分析。由于对比的基数不同，大的增长率背后，其隐含的绝对值可能很小，小的增长率背后，其隐含的绝对值可能很大。在这种情况下，不能简单地用增长率进行比较分析，而应将增长率与绝对水平结合起来进行分析。

7.2 时间序列的成分和预测方法

时间序列预测的关键是找出其过去的变化模式，也就是确定一个时间序列所包含的成分，在此基础上选择适当的方法进行预测。

7.2.1 时间序列的成分

时间序列的变化可能受一种或几种因素的影响，导致它在不同时间上取值的差异，这些影响因素就是时间序列的组成要素（components）。一个时间序列通常由 4 种要素组成：趋势、季节变动、循环波动和不规则波动。

趋势（trend）是时间序列在一段较长时期内呈现出来的持续向上或持续向下的变动。比如，你可以想象一个地区的 GDP 是年年增长的，一个企业的生产成本是逐年下降的，这些都是趋势。趋势在一定观察期内可能是线性变化，但随着时间的推移也可能呈现出非线性变化。

季节变动（seasonal fluctuation）是时间序列呈现出的以年为周期长度的固定变动模式，这种模式年复一年重复出现。它是诸如气候条件、生产条件、节假日或人们的风俗习惯等各种因素影响的结果。农业生产、交通运输、旅游、商品销售等都有明显的季节变动特征。比如，一个商场在节假日的打折促销会使销售额增加，铁路和航空客运在节假日会迎来客流高峰，一个水力发电企业会因水流高峰的到来而使发电量猛增，这些都是由季节变化引起的。

循环波动（cyclical fluctuation）是时间序列呈现出的非固定长度的周期性变动，也称周期波动。比如，人们经常听到的景气周期、加息周期这类术语就是循环波动。循环波动的周期可能会持续一段时间，但与趋势不同，它不是朝着单一方向的持续变动，而是涨落相间的交替波动，比如经济从低谷到高峰，又从高峰慢慢滑入低谷，而后又慢慢回升；它也不同于季节变动，季节变动有比较固定的规律，且变动周期大多为一年，而循环波动则无固定规律，变动周期多在一年以上，且周期长短不一。

不规则波动（irregular variations）是时间序列中的随机波动，它是除去趋势、季节变动和周期波动之后的部分。不规则波动通常总是夹杂在时间序列中，致使时间序列产生一种波浪形或振荡式变动。

时间序列的 4 个组成部分，即趋势（T）、季节变动（S）、循环波动（C）和不规则波动（e）与观测值的关系可以用**加法模型**（multiplicative model）表示，也可以用乘法模型（additive model）表示。当序列的长度有限时，可以不考虑周期成分。因此，采用加法模型时，t 期的观测值可表示为：

$$Y_t = T_t + S_t + e_t \tag{7.5}$$

观察时间序列的成分可以从图形分析入手。图 7－1 是含有不同成分的时间序列。

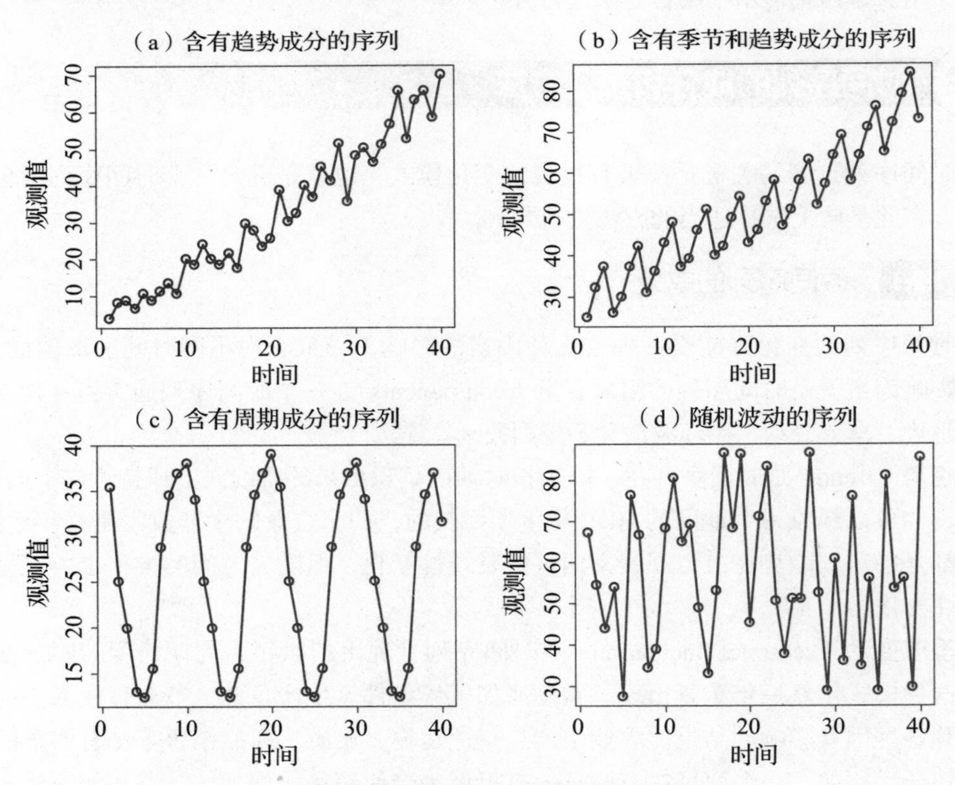

图 7－1　含有不同成分的时间序列

一个时间序列可能由一种成分组成，也可能同时含有几种成分。观察时间序列的图形就可以大致判断时间序列所包含的成分，为选择适当的预测方法奠定基础。

7.2.2 预测方法的选择与评估

一个具体的时间序列，它可能只含有一种成分，也可能同时含有几种成分。含有不同成分的时间序列所用的预测方法是不同的。时间序列预测通常包括以下几个步骤：

第1步，确定时间序列所包含的成分。

第2步，找出适合该时间序列的预测方法。

第3步，对可能的预测方法进行评估，以确定最佳预测方案。

第4步，利用最佳预测方案进行预测，并分析其预测的残差，以检查模型是否合适。

下面通过几个时间序列来观察其所包含的成分。

例7-3（数据：example7_3）表7-2是某智能产品制造公司2006—2021年的净利润、产量、管理成本和销售价格的时间序列。绘制图形观察其所包含的成分。

表7-2 某智能产品制造公司2006—2021年的经营数据

年份	净利润（万元）	产量（台）	管理成本（万元）	销售价格（万元）
2006	1 200	25	27	189
2007	1 750	84	60	233
2008	2 938	124	73	213
2009	3 125	214	121	230
2010	3 250	216	126	223
2011	3 813	354	172	240
2012	4 616	420	218	208
2013	4 125	514	227	209
2014	5 386	626	254	208
2015	5 313	785	223	198
2016	6 250	1 006	226	223
2017	5 623	1 526	232	195
2018	6 000	2 156	200	202
2019	6 563	2 927	181	227
2020	6 682	4 195	153	254
2021	7 500	6 692	119	222

解 绘制4个时间序列折线图的R代码和结果如代码框7-2所示。

代码框 7-2　绘制 4 个时间序列的折线图

```
> example7_3<-read.csv("C:/Rdata/example/chap07/example7_3.csv")
> df<-ts(example7_3,start=2006)              # 将数据定义为时间序列对象
> par(mfrow=c(2,2),mai=c(0.65,0.65,0.3,0.1),lab=c(15,6,1),cex=0.8,cex.main=1,font.main=1)
> plot(df[,2],type='o',xlab=" 时间 ",ylab=" 净利润 ",main="(a) 净利润 ")
> plot(df[,3],type='o',xlab=" 时间 ",ylab=" 产量 ",main="(b) 产量 ")
> plot(df[,4],type='o',xlab=" 时间 ",ylab=" 管理成本 ",main="(c) 管理成本 ")
> plot(df[,5],type='o',xlab=" 时间 ",ylab=" 销售价格 ",main="(d) 销售价格 ")
```

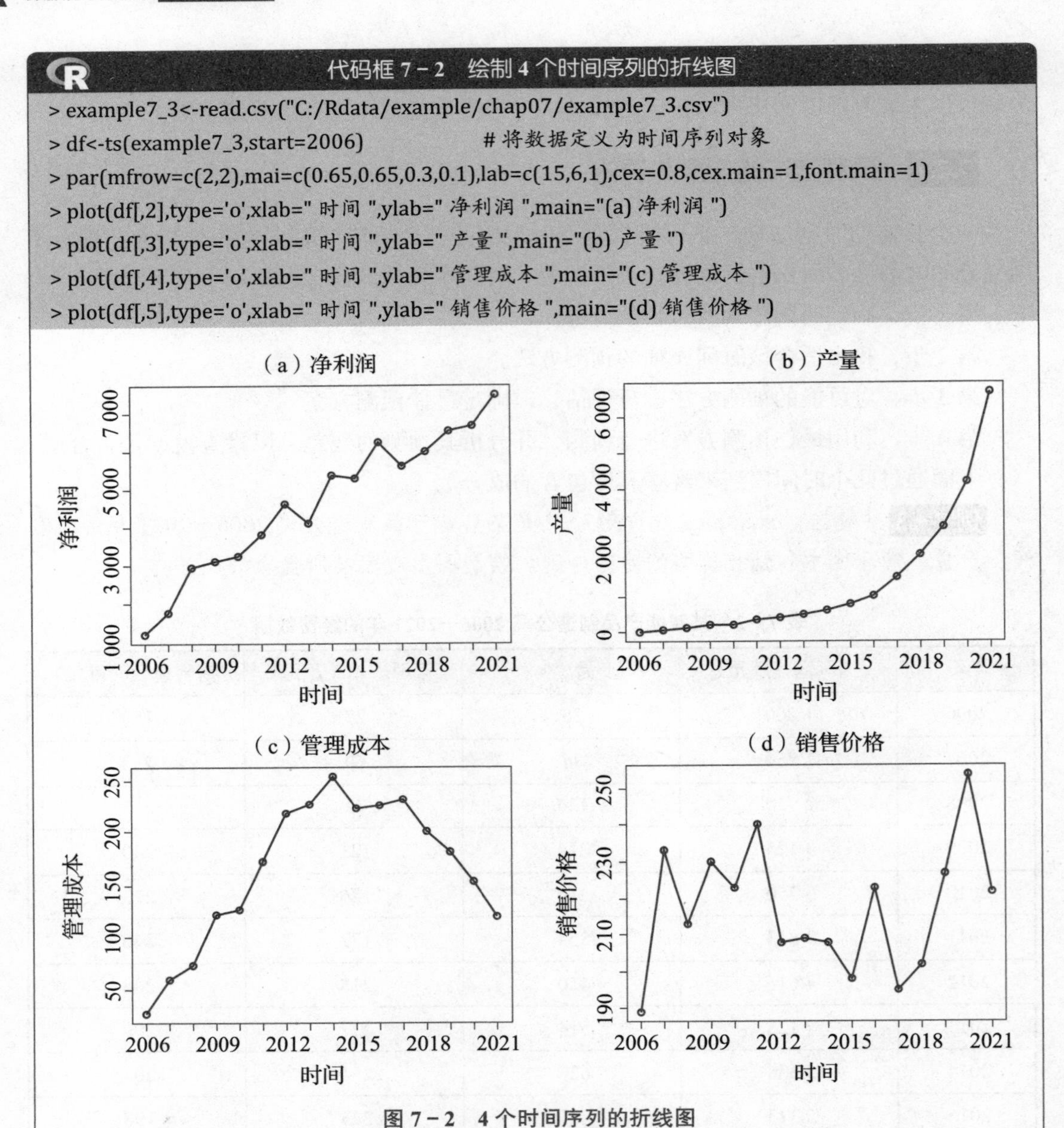

图 7-2　4 个时间序列的折线图

图 7-2 显示，净利润呈现一定的线性趋势；产量呈现一定的指数变化趋势；管理成本则呈现一定的抛物线变化形态；销售价格则没有明显的趋势，呈现一定的随机波动。

选择什么样的方法进行预测，除了受时间序列所包含的成分影响外，还取决于所能获得的历史数据的多少。有些方法只有少量的数据就能进行预测，而有些方法则要求的数据较多。此外，方法的选择还取决于所要求的预测期的长短，有些方法只能进行短期预测，有些则可进行相对长期的预测。

表 7-3 给出了本章介绍的时间序列预测方法及其所适合的数据模式、对数据的要求和预测期的长短等。

表 7-3 预测方法的选择

预测方法	适合的数据模式	对数据的要求	预测期
简单指数平滑	平稳序列	5 个以上	短期
一元线性回归	线性趋势	10 个以上	短期至中期
指数曲线	非线性趋势	10 个以上	短期至中期
多项式函数	非线性趋势	10 个以上	短期至中期

在选择出预测方法并利用该种方法进行预测后，反过来需要对所选择的方法进行评估，以确定所选择的方法是否合适。

一种预测方法的好坏取决于预测误差（也称为残差）的大小。预测误差是预测值与实际值的差距。度量方法有平均误差（mean error）、平均绝对误差（mean absolute deviation）、均方误差（mean square error）、平均百分比误差（mean percentage error）和平均绝对百分比误差（mean absolute percentage error）等，其中较为常用的是均方误差。对于同一个时间序列有几种可供选择的方法时，以预测误差最小者为宜。

均方误差是误差平方和的平均数，用 MSE 表示，计算公式为：

$$MSE=\frac{\sum_{i=1}^{n}(Y_i-F_i)^2}{n} \tag{7.6}$$

式中：Y_i 是第 i 期的实际值，F_i 是第 i 期的预测值，n 为预测误差的个数。

此外，为考察所选择的模型是否合适，还可以通过绘制残差图来分析。如果模型是正确的，那么，用该模型预测所产生的残差应该以零轴为中心随机分布。残差越接近零轴，且随机分布，说明所选择的模型越好。

7.3 简单指数平滑预测

指数平滑预测有多种方法，本节只介绍简单指数平滑预测。

如果序列中只含有随机成分，t 期的观测值可表示为 $Y_t=a_t+e_t$，即水平＋随机误差；$t+h$ 期的预测值为：

$$F_{t+1}=\alpha Y_t+(1-\alpha)S_t \tag{7.7}$$

式（7.7）是简单指数平滑预测模型。式中：F_{t+1} 为 $t+1$ 期的预测值；Y_t 为 t 期的实际值；S_t 为 t 期的平滑值；α 为平滑系数（$0<\alpha<1$）。

简单指数平滑预测是加权平均的一种特殊形式，它是把 t 期的实际值 Y_t 和 t 期的平滑值 S_t 加权平均作为 $t+1$ 期的预测值。观测值的时间离现时期越远，其权数也跟着呈现指数的下降，因而称为指数平滑。

由于在开始计算时，还没有第 1 个时期的平滑值 S_1，通常可以设 S_1 等于 1 期的实际值，即$S_1 = Y_1$。

使用简单指数平滑法预测的关键是确定一个合适的平滑系数α。因为不同的α对预测结果会产生不同影响。当$\alpha = 0$时，预测值只是重复上一期的预测结果；当$\alpha = 1$时，预测值就是上一期的实际值。α越接近1，模型对时间序列变化的反应就越及时，因为它对当前的实际值赋予了比预测值更大的权数。同样，α越接近0，意味着对当前的预测值赋予更大的权数，因此模型对时间序列变化的反应就越慢。在使用R做指数平滑预测时，系统会自动确定一个最合适的α值。

简单指数平滑法的优点是只需要少数几个观测值就能进行预测，方法相对较简单，其缺点是预测值往往滞后于实际值，而且无法考虑趋势和季节成分。

例 7-4 （数据：example7_3）沿用例7-3。根据表7-2中的销售价格序列，采用简单指数平滑法预测2022年的销售价格，并将实际值和预测后的序列绘制成图形进行比较。

解 图7-2(d)显示，销售价格序列没有明显的变化模式，呈现出一定的随机波动。因此可采用式（7.7）给出的简单指数平滑模型做预测。

使用stats包中的Holt-Winters函数、forecast包中的ets函数等均可以实现指数平滑预测。使用Holt-Winters函数进行指数平滑预测的R代码和结果如代码框7-3所示。

代码框 7-3 销售价格的简单指数平滑预测

```
# 确定模型参数α和系数a
> example7_3<-read.csv("C:/Rdata/example/chap07/example7_3.csv")
> df<-ts(example7_3,start=2006)                          # 将数据定义为时间序列对象
> pforecast<-HoltWinters(df[,5],beta=FALSE,gamma=FALSE)   # 拟合指数平滑模型
> pforecast
Holt-Winters exponential smoothing without trend and without seasonal component.

Call:
HoltWinters(x = df[, 5], beta = FALSE, gamma = FALSE)
Smoothing parameters:
 alpha: 0.5092236
 beta : FALSE
 gamma: FALSE

Coefficients:
      [,1]
a 228.3773
```

注：HoltWinters(x,alpha=NULL,beta=NULL,gamma=NULL,...) 函数中，参数alpha为平滑系数，当不指定时系统自己选择合适的值，本例中由系统选定的平滑系数为alpha=0.5092236；beta为Holt-Winters平滑的参数，当beta=FALSE和gamma=FALSE时表示做简单指数平滑预测。a=228.3773是模型的系数，即水平项。

```
# 计算历史数据的拟合值
> pforecast$fitted
Time Series:
Start = 2007
End = 2021
Frequency = 1
          xhat      level
2007  189.0000  189.0000
2008  211.4058  211.4058
2009  212.2176  212.2176
2010  221.2728  221.2728
2011  222.1523  222.1523
2012  231.2408  231.2408
2013  219.4060  219.4060
2014  214.1070  214.1070
2015  210.9972  210.9972
2016  204.3787  204.3787
2017  213.8611  213.8611
2018  204.2566  204.2566
2019  203.1075  203.1075
2020  215.2741  215.2741
2021  234.9943  234.9943

# 绘制观测值和拟合值图（图 7-3）
> par(mai=c(0.7,0.7,0.1,0.1),cex=0.8,lab=c(19,5,1))
> plot(df[,5],type='o',xlab=" 时间 ",ylab=" 销售价格 ")
> lines(df[,1][-1],pforecast$fitted[,1],type='o',lty=2,col="blue")
> legend(x="topleft",legend=c(" 观测值 "," 拟合值 "),lty=1:2,col=c(1,4),fill=c(1,4),box.col="grey80",inset=0.01,cex=0.8)
```

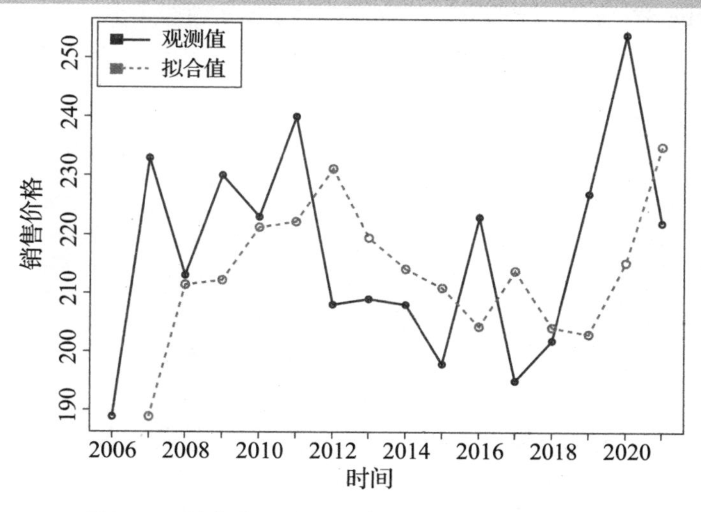

图 7－3　销售价格的观测值与简单指数平滑拟合值

```
# 计算拟合值的残差，并绘制残差图检查拟合效果（图 7-4）
> par(mai=c(0.7,0.7,0.1,0.1),cex=0.8,lab=c(19,5,1))
> res<-df[,5]-pforecast$fitted                                  # 计算残差
> plot(res[,1],type='o',xlab=" 时间 ",ylab=" 残差 ")            # 绘制残差图
> abline(h=0,lty=2,col="red")                                   # 添加 0 轴线
```

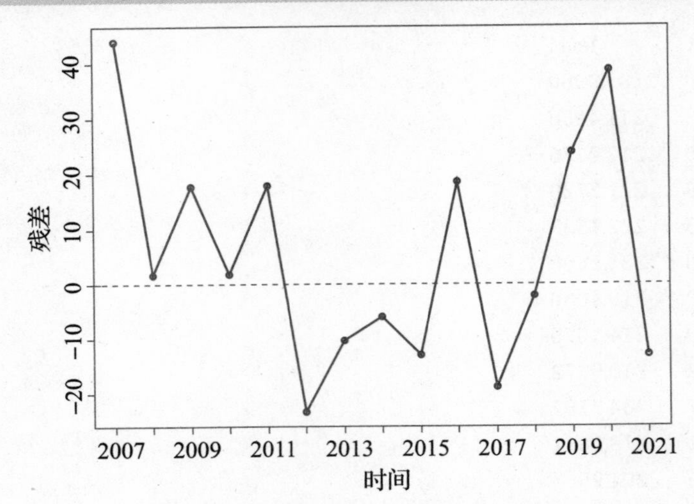

图 7－4 销售价格的简单指数平滑拟合残差

```
# 2022 年销售价格的预测值
> library(forecast)
> pforecast1<-forecast(cpiforecast,h=1)
> pforecast1                  # 预测值
     Point Forecast    Lo 80    Hi 80     Lo 95    Hi 95
2022       228.3773 201.8925 254.862 187.8723 268.8822
```

```
# 绘制实际值和预测值图（图 7-5）
> plot(pforecast1,type='o',xlab=" 时间 ",ylab=" 销售价格 ",main="")
```

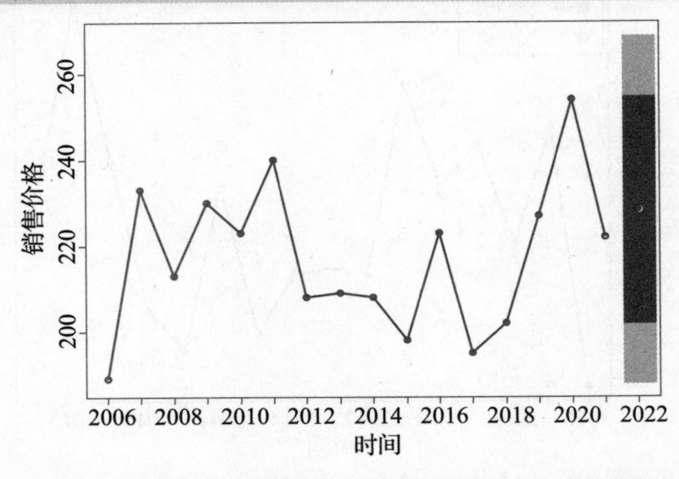

图 7－5 销售价格的观测值与 2022 年的简单指数平滑预测值

图7－4显示，各残差点分布基本上在零轴附近随机分布，没有明显的固定模式，说明所选的预测方法基本上是合理的。图7－5中的折线是销售价格观测值，圆点是2022年预测值，灰色区域是预测值的置信区间，其中浅灰色区域是95%的置信区间，深灰色区域是80%的置信区间。

7.4 趋势预测

时间序列的趋势可能是线性的，也可能是非线性的。当序列存在明显的线性趋势时，可使用线性趋势模型进行预测。如果序列存在某种非线性变化形态，则可以使用非线性模型进行预测。

7.4.1 线性趋势预测

线性趋势（linear trend）是时间序列按一个固定的常数（不变的斜率）增长或下降。例如，观察图7－1（a）的净利润序列图就会发现有明显的线性趋势。序列中含有线性趋势时，可使用一元线性回归模型进行预测。

用 $\hat{Y}_t$ 表示 Y_t 的预测值，t 表示时间变量，一元线性回归的预测方程可表示为：

$$\hat{Y}_t = b_0 + b_1 t \tag{7.8}$$

b_1 是趋势线的斜率，表示时间 t 变动一个单位时，观测值的平均变动量。趋势方程中的两个待定系数 b_0 和 b_1 根据最小二乘法求得。趋势预测的误差可用线性回归中的估计标准误差来衡量。

例7－5（数据：example7_3）沿用例7－3。用一元线性回归方程预测2022年的净利润，并计算各年的拟合值和拟合误差，将实际值和预测值绘制成图形进行比较。

解 一元线性回归预测的R代码和结果如代码框7－4所示。

代码框7－4 净利润的一元线性回归预测

```
# 拟合一元线性回归模型
> example7_3<-read.csv("C:/Rdata/example/chap07/example7_3.csv")
> fit<-lm( 净利润 ~ 年份 ,data=example7_3)
> summary(fit)
Call:
lm(formula = 净利润 ~ 年份 , data = example7_3)

Residuals:
    Min      1Q  Median      3Q     Max
-604.18 -330.72  -12.83  236.70  673.56

Coefficients:
             Estimate Std. Error  t value  Pr(>|t|)
```

```
(Intercept) -754912.12  44659.12  -16.90 1.04e-10 ***
年份            377.23     22.18   17.01 9.56e-11 ***
---
Signif. codes:  0 '***' 0.001 '**' 0.01 '*' 0.05 '.' 0.1 ' ' 1

Residual standard error: 409 on 14 degrees of freedom
Multiple R-squared:  0.9538,    Adjusted R-squared:  0.9505
F-statistic: 289.3 on 1 and 14 DF,  p-value: 9.556e-11

# 计算各年预测值（2006~2022）
> predata<-predict(fit,data.frame( 年份 =2006:2022));predata
       1        2        3        4        5        6        7        8
1804.176 2181.403 2558.629 2935.856 3313.082 3690.309 4067.535 4444.762
       9       10       11       12       13       14       15       16
4821.988 5199.215 5576.441 5953.668 6330.894 6708.121 7085.347 7462.574
      17
7839.800

# 计算各年拟合残差
> res<-fit$res;res
         1          2          3          4          5          6
-604.17647 -431.40294  379.37059  189.14412  -63.08235  122.69118
         7          8          9         10         11         12
 548.46471 -319.76176  564.01176  113.78529  673.55882 -330.66765
        13         14         15         16
-330.89412 -145.12059 -403.34706   37.42647

# 绘制各年观测值和预测值图（图 7-6）
> plot(2006:2022,predata,type='o',lty=2,col="blue",xlab=" 时间 ",ylab=" 净利润 ")
> lines(example7_3[,1],example7_3[,2],type='o',pch=19)
> legend(x="topleft",legend=c(" 观测值 "," 预测值 "),lty=1:2,cex=0.8,col=c(1,4),fill=c(1,4))
> abline(v=2021,lty=6,col=2)
```

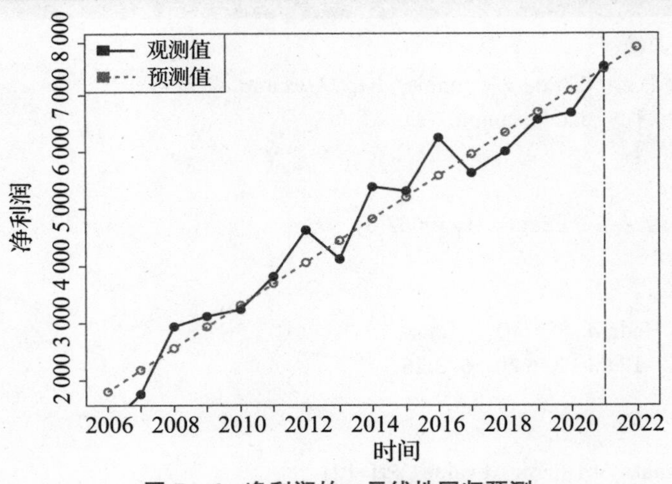

图 7-6　净利润的一元线性回归预测

```
# 绘制残差图，检查拟合效果（图 7-7）
> par(mai=c(0.85,0.7,0.3,0.1),cex=0.8,lab=c(19,5,1))
> fit<-lm( 净利润 ~ 年份 ,data=example7_3)
> plot(fit,which=1)
```

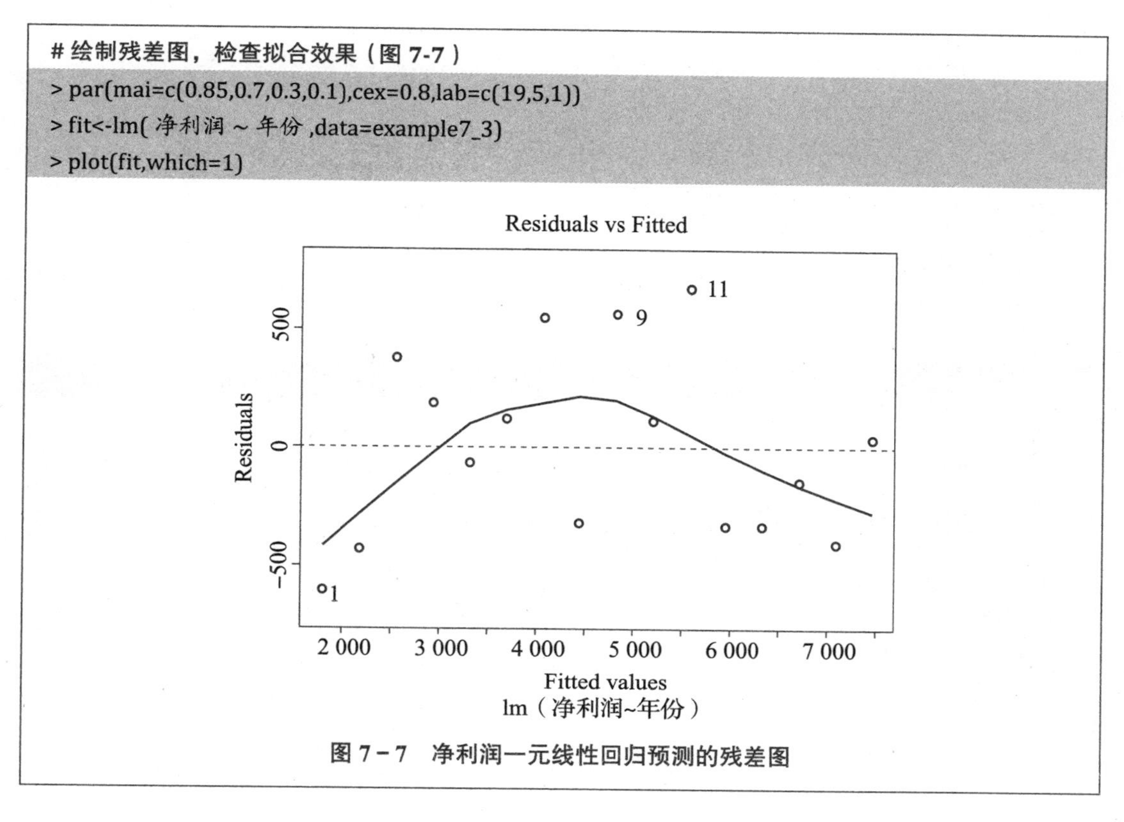

图 7－7　净利润一元线性回归预测的残差图

根据代码框 7－4 可知线性趋势方程为：

$$y=-754\,912.12+377.23t$$

$b_1=377.23$ 表示：时间每变动一年，净利润平均变动 377.23 万元。将时间 2022 年代入上述方程，即可得到 2022 年的预测值。

图 7－7 显示，各残差点分布基本上在零轴附近随机分布，没有明显的固定模式，说明所选的预测方法基本上是合理的。

7.4.2　非线性趋势预测

非线性趋势（non-linear trend）有各种各样复杂的形态。例如，观察图 7－2（b）和图 7－2（c）就有明显的非线性形态。下面只介绍指数曲线和多阶曲线两种预测方法。

1. 指数曲线

指数曲线（exponential curve）用于描述以几何级数递增或递减的现象，即时间序列的观测值 Y_t 按指数规律变化，或者说时间序列的逐期观测值按一定的增长率增长或衰减。观察图 7－2（b）产量的变化趋势就呈现出某种指数变化形态。指数曲线的方程为：

$$\hat{Y}_t=b_0\exp(b_1t)=b_0\mathrm{e}^{b_1t} \qquad (7.9)$$

式中：b_0、b_1 为待定系数；exp 表示自然对数 ln 的反函数，$e=2.718\,281\,828\,459$。

指数曲线模型也可以写成下面的形式：

$$\hat{Y}_t = b_0 b_1^t \tag{7.10}$$

例 7-6（数据：example7_3）沿用例 7-3。用指数曲线预测 2022 年的产量，并将实际值和预测值绘制成图形进行比较。

解 指数曲线预测的 R 代码和结果如代码框 7-5 所示。

代码框 7-5 产量的指数曲线预测

```
# 指数曲线拟合
> example7_3<-read.csv("C:/Rdata/example/chap07/example7_3.csv")
> df<-ts(example7_3,start=2006)
> y<-log(df[,3])          # 对产量数据取对数
> x<-1:16                 # 设置自变量值
> fit<-lm(y~x)            # 拟合线性模型
> fit                     # 输出拟合结果

Call:
lm(formula = y ~ x)

Coefficients:
(Intercept)            x
     3.7046       0.3106

> exp(3.7046)             # 计算指数
[1] 40.63379
```

注：把模型变换成指数形式为 $\hat{Y}_t = 40.63379\exp(0.3106t) = 40.63379e^{0.3106t}$。

```
# 历史数据及 2022 年产量的预测
> predata<-exp(predict(fit,data.frame(x=1:17)))
> predata
         1          2          3          4          5          6
  55.43504   75.62995  103.18183  140.77082  192.05342  262.01821
         7          8          9         10         11         12
 357.47106  487.69724  665.36463  907.75599 1238.45017 1689.61576
        13         14         15         16         17
2305.14031 3144.89955 4290.58186 5853.63456 7986.10508

# 各年预测残差
> predata<-exp(predict(fit,data.frame(x=1:16)))
```

```
> predata<-ts(predata,start=2006)
> residuals<-df[,3]-predata
> residuals
Time Series:
Start = 2006
End = 2021
Frequency = 1
 [1]  -30.43504    8.37005   20.81817   73.22918   23.94658   91.98179
 [7]   62.52894   26.30276  -39.36463 -122.75599 -232.45017 -163.61576
[13] -149.14031 -217.89955  -95.58186  838.36544

# 实际值和预测值图（图 7-8）
> par(mai=c(0.7,0.7,0.15,0.1),cex=0.8,lab=c(19,5,1))
> predata<-exp(predict(fit,data.frame(x=1:17)))
> plot(2006:2022,predata,type='o',lty=2,col=4,xlab=" 时间 ",ylab=" 产量 ")
> points(df[,1],df[,3],type='o',pch=19)
> legend(x="topleft",legend=c(" 观测值 "," 预测值 "),lty=1:2,col=c(1,4),fill=c(1,4),cex=0.8)
> abline(v=2021,lty=6,col=2)
```

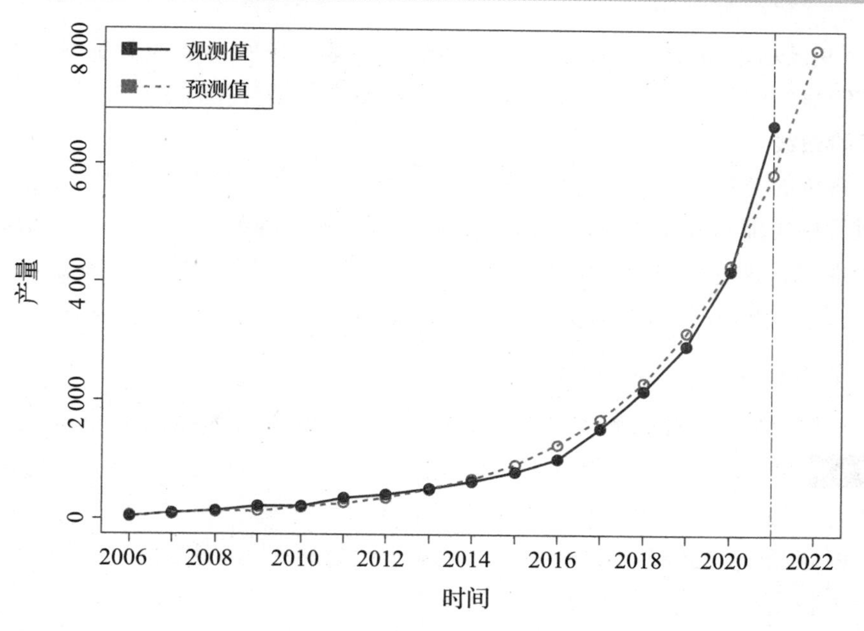

图 7－8　产量的指数曲线预测

```
# 绘制残差图检查拟合效果（图 7-9）
> plot(2006:2021,residuals,type='o',lty=2,xlab=" 时间 ",ylab=" 残差 ")
> abline(h=0,lty=2,col=2)
```

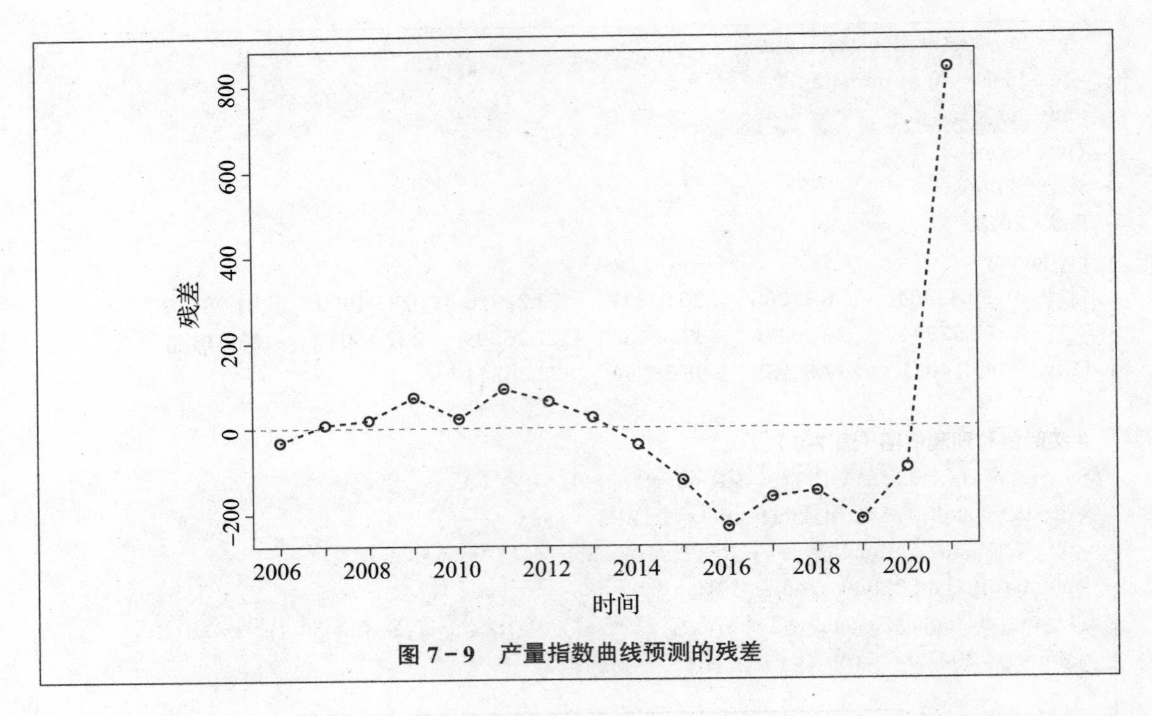

图 7－9　产量指数曲线预测的残差

图 7－9 显示，2021 年产生了较大的残差，其他年份残差基本上在零轴附近随机分布，没有明显的固定模式，说明所选的预测方法基本上是合理的。

2. 多阶曲线

有些现象的变化形态比较复杂，它们不是按照某种固定的形态变化，而是有升有降，在变化过程中可能有几个拐点。这时就需要拟合多项式函数。当只有一个拐点时，可以拟合二阶曲线，即抛物线；当有两个拐点时，需要拟合三阶曲线；当有 $k-1$ 个拐点时，需要拟合 k 阶曲线。k 阶曲线函数的一般形式为：

$$\hat{Y}_t = b_0 + b_1 t + b_2 t^2 + \cdots + b_k t^k \tag{7.11}$$

将其线性化后可根据回归中的最小平方法求得曲线中的系数 b_0，$b_1, b_2, \cdots, b_k$。

例 7－7（数据：example7_3）沿用例 7－3。拟合适当的多阶曲线，预测 2022 年的管理成本，并将实际值和预测值绘制成图形进行比较。

解　观察图 7－2（c）可以看出，管理成本的变化形态可拟合二阶曲线（即抛物线，视为有一个拐点）。二阶曲线预测的 R 代码和结果如代码框 7－6 所示。

代码框 7－6　管理成本的二阶曲线预测

```
# 拟合二阶曲线模型
> example7_3<-read.csv("C:/Rdata/example/chap07/example7_3.csv")
> y<-example7_3[,4]
> x<-1:16
```

```
> fit<-lm(y~x+I(x^2))
> fit
Call:
lm(formula = y ~ x + I(x^2))

Coefficients:
(Intercept)          x     I(x^2)
    -49.989     56.138     -2.823

# 二阶曲线预测值
> predata<-predict(fit,data.frame(x=1:17))
> predata
        1         2         3         4         5         6
  3.32598  50.99559  93.01954 129.39783 160.13046 185.21744
        7         8         9        10        11        12
204.65875 218.45441 226.60441 229.10875 225.96744 217.18046
       13        14        15        16        17
202.74783 182.66954 156.94559 125.57598  88.56071

# 二阶曲线预测值的残差
residual<-fit$residuals
residual
> residual<-fit$residuals
> residual
           1            2            3            4
 23.67401961   9.00441176 -20.01953782  -8.39782913
           5            6            7            8
-34.13046218 -13.21743697  13.34124650   8.54558824
           9           10           11           12
 27.39558824  -6.10875350   0.03256303  14.81953782
          13           14           15           16
 -2.74782913  -1.66953782  -3.94558824  -6.57598039

# 实际值和预测值曲线（图 7-10）
> par(mai=c(0.7,0.7,0.15,0.1),cex=0.8,lab=c(19,5,1))
> predata<-predict(fit,data.frame(x=1:17))
> plot(2006:2022,predata,ylim=c(0,260),type='o',lty=2,col="red",xlab=" 时间 ",ylab=" 管理成本 ")
> lines(example7_3[,1],example7_3[,4],type='o',lty=1,col="blue")
> abline(v=2021,lty=6,col=2)
> legend(x="bottom",legend=c(" 观测值 "," 预测值 "),
+  lty=1:2,col=c("black","blue","red"),fill=c("black","blue"))
```

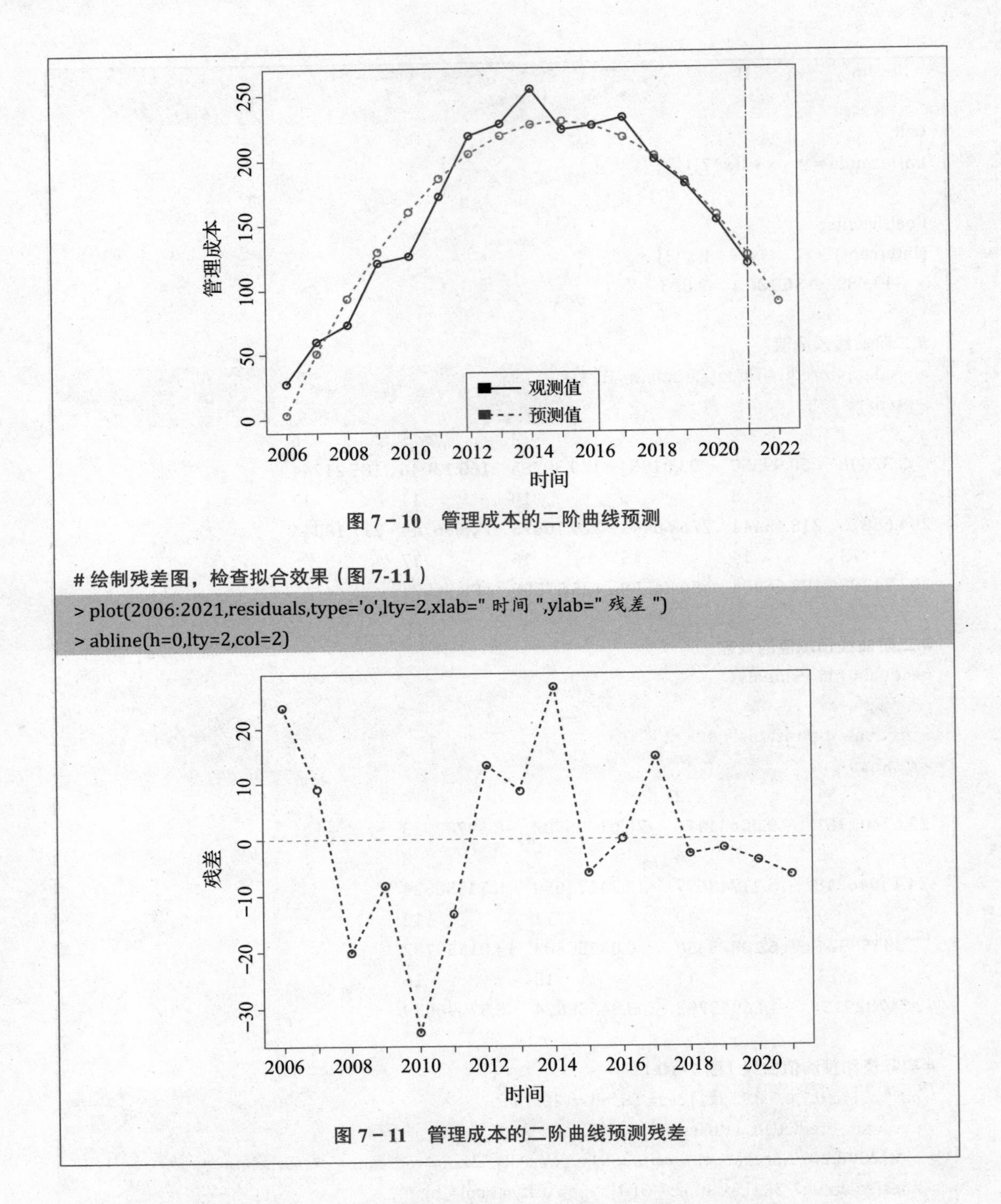

图 7－10　管理成本的二阶曲线预测

绘制残差图，检查拟合效果（图 7-11）

```
> plot(2006:2021,residuals,type='o',lty=2,xlab=" 时间 ",ylab=" 残差 ")
> abline(h=0,lty=2,col=2)
```

图 7－11　管理成本的二阶曲线预测残差

设 t 和 t^2 为自变量，根据代码框 7－6 的结果可知二阶曲线方程为：

$$\hat{Y}=-49.989+56.138t-2.823t^2$$

7.5 时间序列平滑

利用短期移动平均对时间序列进行平滑，可以去除时间序列中的随机波动，从而有利于观察其变化趋势或形态。比如，股票价格指数中的 5 日移动平均、10 日移动平均等就属于此类。

移动平均（moving average）是选择固定长度的移动间隔，对时间序列逐期移动求得平均数作为平滑值。设移动间隔长度为 $m(1<m<t)$，则 t 期的移动平均平滑值 T_t 为：

$$T_t=\frac{Y_{t-k}+Y_{t-k+1}+\cdots+Y_t+\cdots+Y_{t+k-1}+Y_{t+k}}{m} \tag{7.12}$$

式中，$k=(m-1)/2$。

移动平均值是相应观测值的代表值，因此需要中心化。当移动间隔长度 m 为奇数时（比如，$m=3$，$k=1$），第 1 个 3 期移动平均值是第 1 个、第 2 个、第 3 个值的平均，中心化后结果应该对应第 2 个观测值（T_2 对应于 Y_2）；第 2 个移动平均值是第 2 个、第 3 个、第 4 个值的平均，中心化后结果应该对应第 3 个观测值（T_3 对应于 Y_3），以此类推。

当 m 为偶数时（比如，$m=4$，$k=1.5$，向上取整 $k=2$，向下取整 $k=1$），中心化移动平均值是两个 4 期移动平均值的再平均。比如，第 1 个 4 期移动平均值是第 1 个、第 2 个、第 3 个、第 4 个值的平均值和第 2 个、第 3 个、第 4 个、第 5 个值的平均值的平均，中心化后结果应该对应第 3 个观测值（T_3 对应于 Y_3），第 2 个 4 期移动平均值是第 2 个、第 3 个、第 4 个、第 5 个值的平均值和第 3 个、第 4 个、第 5 个、第 6 个值的平均值的平均，中心化后结果应该对应第 4 个观测值（T_4 对应于 Y_4），以此类推。表 7－4 是一个虚拟时间序列移动平均的计算结果。

表 7－4　虚拟的移动平均中心化计算结果

时间	观测值	m=3 中心化移动平均	m=5 中心化移动平均	m=4 非中心化移动平均	m=4 中心化移动平均
1	10	N/A	N/A	N/A	N/A
2	20	20	N/A	N/A	N/A
3	30	30	30	N/A	30
4	40	40	40	25	40
5	50	50	50	35	50
6	60	60	60	45	60
7	70	70	70	55	70
8	80	80	80	65	80
9	90	90	N/A	75	N/A
10	100	N/A	N/A	85	N/A

例 7-8 （数据：example7_3）沿用例 7-3。采用 $m=3$ 对销售价格数据进行移动平均平滑，并将实际值和平滑值绘制成图形进行比较。

解 使用 R 的 DescTools 包中的 MoveAvg 函数、forecast 包中的 ma 函数、caTools 包中的 runmean 函数均可做移动平均。使用 MoveAvg 函数移动平均的 R 代码和结果如代码框 7-6 所示。

代码框 7-7 销售价格的移动平均（$m=3$ 和 $m=5$）

```
# 使用 MoveAvg 函数做移动平均
> example7_3<-read.csv("C:/Rdata/example/chap07/example7_3.csv")
> df<-ts(example7_3,start=2006,end=2021)
> library(DescTools)
> ma3<-MoveAvg(df[,5],order=3,                              # 3 期移动平均
+ align="center",                                           # 结果中心对齐
+ endrule="NA")                                             # 没有值时用 NA 代替
> data.frame( 年份 =df[,1]," 销售价格 "=df[,5],ma3)          # 组织成数据框
     年份  销售价格        ma3
1    2006       189         NA
2    2007       233   211.6667
3    2008       213   225.3333
4    2009       230   222.0000
5    2010       223   231.0000
6    2011       240   223.6667
7    2012       208   219.0000
8    2013       209   208.3333
9    2014       208   205.0000
10   2015       198   209.6667
11   2016       223   205.3333
12   2017       195   206.6667
13   2018       202   208.0000
14   2019       227   227.6667
15   2020       254   234.3333
16   2021       222         NA

# 绘制实际值和平滑值的图（图 7-12）
> par(mai=c(0.7,0.7,0.15,0.1),cex=0.8,lab=c(19,5,1))
> plot(df[,1],df[,5],type='o',xlab=" 年份 ",ylab=" 销售价格 ")
> lines(ma3,type="o",lty=2,col="red")
> legend(x="topleft",legend=c(" 销售价格 ","ma3"),lty=c(1,2),col=c("black","red"),fill=c(1,2),cex=0.8)
```

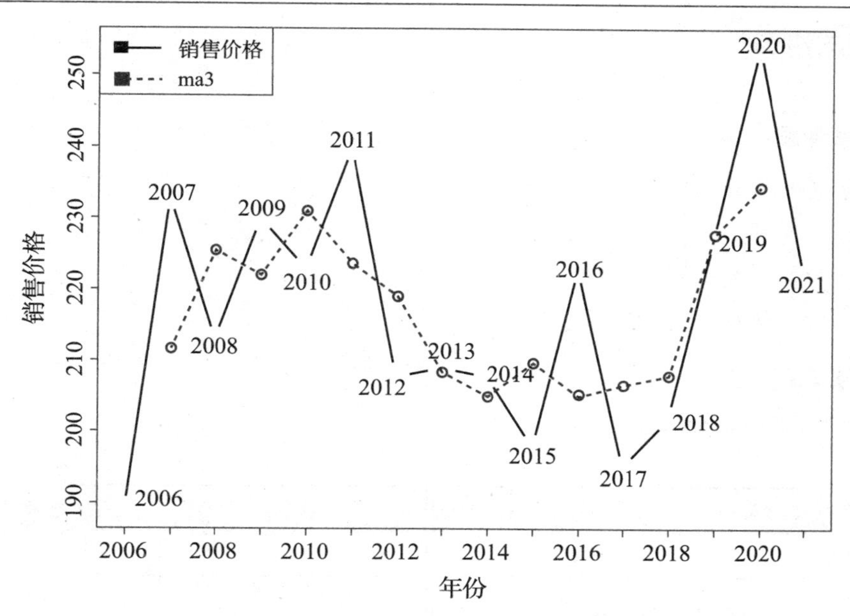

图 7-12 销售价格的实际值和平滑值的比较

注：函数 MoveAvg 中的参数 Order 为移动平均间隔长度；Align 为结果排列方式，"center" 表示放在中心位置，"left" 表示放在向量左侧，"right" 表示放在向量右侧。endrule 中的 "keep" 表示没有移动平均值的位置（比如最初的几个值和最后几个值）用相应的实际值填充，"constant" 表示没有移动平均值的位置用相应的预测值填充，"NA" 表示没有移动平均值的位置显示为 NA。更多信息可查阅函数帮助。

思维导图

下面的思维导图展示了本章的内容框架。

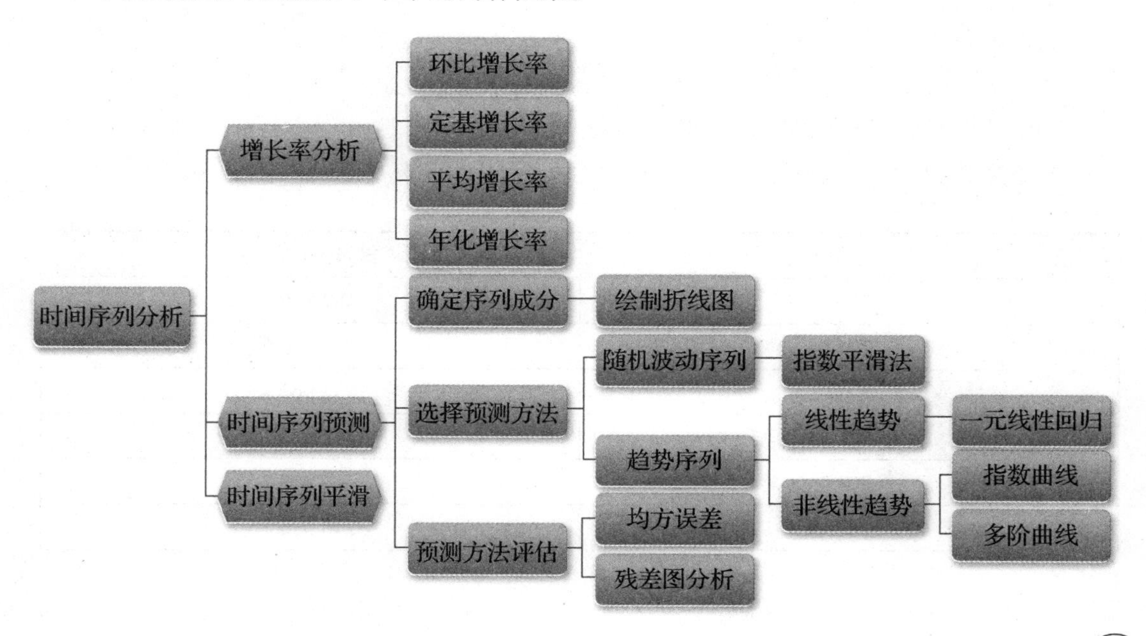

思考与练习

一、思考题

1. 利用增长率分析时间序列时应注意哪些问题?
2. 简述时间序列的各构成要素。
3. 简述时间序列的预测程序。
4. 简述时间序列平滑的作用。

二、练习题

1. 下表是2001—2020年我国的居民消费价格指数（上年 =100）数据。

年份	居民消费价格指数	年份	居民消费价格指数
2001	100.7	2011	105.4
2002	99.2	2012	102.6
2003	101.2	2013	102.6
2004	103.9	2014	102.0
2005	101.8	2015	101.4
2006	101.5	2016	102.0
2007	104.8	2017	101.6
2008	105.9	2018	102.1
2009	99.3	2019	102.9
2010	103.3	2020	102.5

（1）选择适当的平滑系数a，用简单指数平滑法预测2021年的居民消费价格指数。

（2）将两种方法的预测值与原时间序列绘图进行比较。

（3）绘制预测的残差图，分析预测效果。

2. 下表是2011—2020年我国的国内生产总值（GDP）数据（单位：亿元）。

年份	国内生产总值
2011	487 940.2
2012	538 580.0
2013	592 963.2
2014	643 563.1
2015	688 858.2
2016	746 395.1

续表

年份	国内生产总值
2017	832 035.9
2018	919 281.1
2019	986 515.2
2020	1 015 986.2

（1）计算国内生产总值的环比增长率、定基增长率和年平均增长率。

（2）用一元线性回归预测 2021 年的国内生产总值，并将实际值和预测值绘图进行比较。

（3）绘制残差图分析预测误差，说明所使用的方法是否合适。

3. 下面是某只股票连续 35 个交易日的收盘价格（单位：元）。

时间	收盘价格	时间	收盘格	时间	收盘价格
1	33.82	13	33.36	25	32.36
2	33.64	14	33.18	26	32.36
3	34.00	15	33.00	27	32.36
4	34.09	16	32.64	28	32.64
5	34.27	17	32.55	29	32.73
6	34.27	18	32.64	30	32.45
7	34.00	19	32.73	31	32.45
8	33.82	20	32.45	32	32.27
9	33.91	21	32.36	33	32.36
10	33.82	22	32.00	34	33.00
11	33.55	23	31.64	35	33.18
12	33.36	24	32.09		

（1）分别拟合二阶曲线 $\hat{Y}_t = b_0 + b_1 t + b_2 t^2$ 和三阶曲线 $\hat{Y}_t = b_0 + b_1 t + b_2 t^2 + b_3 t^3$。

（2）绘制残差图分析预测误差，说明所使用的方法是否合适。

参考书目

[1] 贾俊平. 统计学——基于R. 4版. 北京：中国人民大学出版社，2021.

[2] 贾俊平. 统计学——Python实现. 北京：高等教育出版社，2021.

[3] 贾俊平. 统计学——基于Excel. 3版. 北京：中国人民大学出版社，2022.

[4] 贾俊平. 统计学——基于SPSS. 4版. 北京：中国人民大学出版社，2022.

[5] 贾俊平. 统计学基础. 6版. 北京：中国人民大学出版社，2021.

[6] 戴维·R安德森，丹尼斯·J斯威尼，托马斯·A威廉姆斯. 商务与经济统计. 张建华，王健，冯燕奇，译. 北京：机械工业出版社，2000.

[7] 马里奥·F特里奥拉. 初级统计学. 8版. 刘立新，译. 北京：清华大学出版社，2004.

[8] 肯·布莱克，戴维·L埃尔德雷奇. 以Excel为决策工具的商务与经济统计. 张久琴，张玉梅，杨琳，译. 北京：机械工业出版社，2003.

[9] 道格拉斯·C蒙哥马利，乔治·C朗格尔，诺尔马·法里斯·于贝尔. 工程统计学. 代金，魏秋萍，译. 北京：中国人民大学出版社，2005.

[10] 肯·布莱克. 商务统计学. 4版. 李静萍，等译. 北京：中国人民大学出版社，2006.

附录

本书使用的 R 包和 R 函数

本附录列出了本书用到的 R 包和 R 函数。使用 help(package= 包名称) 可以查阅包的更多信息；使用 help(函数名) 可以查阅函数的详细信息。

本书使用的 R 包

BSDA	forecast	plotrix	TeachingDemos
d3r	ggiraphExtra	psych	treemap
DescTools	ggplot2	RColorBrewer	
dplyr	ggpubr	reshape2	
e1071	pastecs	sunburstR	

本书使用的 R 函数

函数名称	描述	函数名称	描述
abline	为图形增加 ab 线	month.name	生成全称英文月份
addmargins	为列联表增加边际和	MoveAvg	移动平均
anova	方差分析表	mtext	为图形增加文本
apply	返回函数结果	ncol	返回对象的列数
arrange	按行排序数据框	nrow	返回对象的行数
arrows	为图形增加带箭头的直线	order	数据排序
as.data.frame	将对象转换成数据库	par	设置图形参数
as.matrix	将数据框或向量转换为矩阵	paste	将元素串联成向量
as.numeric	将因子转换为数值	pie	绘制饼图
as.vector	将数据转换为向量	pie3D	绘制 3D 饼图
attach	绑定数据	plot	基本绘图函数

续表

函数名称	描述	函数名称	描述
axis	为图形添加坐标轴	PlotLinesA	绘制线图
barplot	绘制条形图	pnorm	计算正态分布概率
BarText	为条形图添加数值标签	points	绘制点
box	绘制盒子	polygon	绘制多边形
boxplot	绘制箱形图	predict	预测
brewer.pal	创建调色板	print	打印结果
c	将值合并为向量或列表	prop.table	将表格转化成比例
cbind	按列合并对象	pt	计算 t 分布概率
class	对象类型	qnorm	计算正态分布分位数
colnames	列名称	qt	计算 t 分布分位点
confint	计算模型参数的置信区间	quantile	计算分位数
cor	计算相关系数	range	计算值域
cumsum	累积求和	rbind	按行合并对象
curve	绘制函数曲线	read.cvs	读取 csv 格式数据
d3_nest	将数据框转换为“d3.js”层次结构	rect	绘制矩形
data.frame	创建数据框	remove.packages	从 R 中彻底删除包
Desc	描述数据	rep	重复向量或列表中的元素
describe	计算描述统计量	require	加载包
detach	从搜索路径中分离对象	rev	反转元素
diff	计算滞后差	rexp	生成指数分布随机数
dim	返回对象的行数和列数	rnorm	生成正态分布随机数
exp	计算指数	round	四舍五入
factor	创建因子	rownames	行名称
filter	数据筛选	runif	生成均匀分布随机数
fitted	计算模型拟合值	sample	抽取随机样本
Freq	生成变量的频数表	scale	计算标准分数
ggplot	创建图形	sd	计算标准差
ggRadar	绘制雷达图	segments	为图形增加直线
ggscatterhist	绘制散点图	seq	创建序列
grid	为图形增加网格线	set.seed	设置随机数种子
head	返回对象的前部分	skewness	计算偏度系数
help	查看帮助	sort	向量排序

续表

函数名称	描述	函数名称	描述
hist	绘制直方图	sort	向量排序
HoltWinters	指数平滑预测	sqst	计算平方根
install. packages	下载和安装包	stat.desc	计算描述统计量
IQR	计算四分位差	str	查看对象结构
kurtosis	计算峰度系数	sum	求和
layout	图形布局	summary	汇总输出结果
layout.show	展示 layout 图形布局	sunburst	绘制旭日图
legend	为图形增加图例	symbols	绘制符号
length	计算样本量	t	矩阵转置
LETTERS	生成大写英文字母	t.test	t 检验
letters	生成小写英文字母	table	创建表格
library	加载包	tail	返回对象的后部分
lines	为图形增加线	text	为图形增加文本
list	列表	theme	设置图形主题
lm	线性回归建模	title	为图形添加标题
log	计算对数	treemap	绘制树状图
matrix	创建矩阵	ts	创建时间序列对象
max	返回最大值	Untable	将列联表转换成数据框
mean	计算平均数	var	计算方差
median	计算中位数	waterfall	绘制瀑布图
melt	融合数据	weighted.mean	计算加权平均数
min	返回最小值	write.csv	将数据存为 csv 格式
Mode	计算众数	z.test	大样本正态检验
month.abb	生成缩写的英文月份		

数据分析基础

R语言实现

本书是为高等职业教育财经商贸大类专业编写的基础课教材，全书共分7章，具体内容包括数据分析与R语言、R语言数据处理、数据可视化分析、数据的描述分析、推断分析基本方法、相关与回归分析、时间序列分析。本书既可作为高等职业教育或继续教育相关专业的教材，又可作为实际工作领域的数据分析人员和对数据分析知识感兴趣的读者的参考用书。

数据分析基础系列教材

数据分析基础——Excel实现
数据分析基础——Python实现
数据分析基础——R语言实现

本书配备教学资源，请登录中国人民大学出版社官网（www.crup.com.cn）免费下载。

策划编辑 李丽虹 翟敏园
责任编辑 罗海林 翟敏园
封面设计 [illegible]

人大社智慧财经

ISBN 978-7-300-30561-5
9 787300 305615 >
定价：36.00元